乡村人才振兴培训系列教材

大豆玉米
带状复合种植技术

DADOU YUMI
DAIZHUANG FUHE ZHONGZHI JISHU

丁秀丽　张宪光　李　广　主编

U0321094

中国农业科学技术出版社

图书在版编目（CIP）数据

大豆玉米带状复合种植技术／丁秀丽，张宪光，李广主编.--北京：中国农业科学技术出版社，2022.7

ISBN 978-7-5116-5802-9

Ⅰ.①大…　Ⅱ.①丁…②张…③李…　Ⅲ.①大豆-栽培技术②玉米-栽培技术　Ⅳ.①S513②S565.1

中国版本图书馆 CIP 数据核字（2022）第 113645 号

责任编辑	姚　欢	
责任校对	马广洋	
责任印制	姜义伟　王思文	
出 版 者	中国农业科学技术出版社	
	北京市中关村南大街 12 号　邮编：100081	
电　　话	（010）82106631（编辑室）　　（010）82109702（发行部）	
	（010）82109709（读者服务部）	
网　　址	http://www.castp.cn	
经 销 者	各地新华书店	
印 刷 者	北京地大彩印有限公司	
开　　本	140 mm×203 mm　1/32	
印　　张	5.75	
字　　数	140 千字	
版　　次	2022 年 7 月第 1 版　2022 年 7 月第 1 次印刷	
定　　价	26.00 元	

大豆玉米带状复合种植技术是在传统间套作的基础上创新发展而来，采用2~4行小株距密植玉米带与2~6行大豆带间作套种年际间交替轮作，适应机械化作业，作物间和谐共生的一季双收种植模式。该模式集成了品种搭配、扩行缩株、营养调控、减量施肥、绿色防控、封闭除草、机播机收等关键技术，集高效轮作、绿色增收、提质增效三位一体，实现了基础理论研究、应用技术（机具）和示范推广的有机结合，为扩大大豆种植、提高大豆产能开辟了新的技术路径。

本书是依据《2022年全国大豆玉米带状复合种植技术方案》，并在借鉴大豆玉米带状复合种植技术相关文献的基础上，结合作者多年的农业生产实践经验编写而成的。本书共8章，分别为大豆玉米带状复合种植技术理论基础、大豆玉米带状复合种植田间配置技术、大豆玉米带状复合种植播种技术、大豆玉米带状复合种植施肥技术、大豆玉米带状复合种植水分管理技术、大豆玉米带状复合种植化学调控技术、大豆玉米带状复合种植病虫草害防治技术、大豆玉米带状复合种植收获技术。

本书内容丰富、语言通俗，将理论知识与实践技术相结合，具有较强的针对性和实用性，能够帮助农民朋友学习和掌握大豆玉米带状复合种植的新理念、新技术和新方法。

由于时间仓促、作者水平有限，书中难免存在不足之处，欢迎广大读者批评指正。

编　者

2022年5月

第一章 大豆玉米带状复合种植技术理论基础

第一节 生物学特性

一、大豆的生物学特性

大豆通称黄豆，为双子叶植物纲豆科大豆属的一年生草本植物。

（一）大豆的形态特征

1. 大豆的根

（1）根的组成

大豆的根属于直根系，由主根、侧根和根毛3部分组成。主根较粗，直接由种子胚根发育而产生，垂直向下生长。侧根是由主根产生的分枝，初期呈横向生长，之后向下生长。直接来自主根的为一级侧根，一级侧根上产生二级侧根，依此类推。幼嫩的根部有密生的根毛，它是吸收养分的主要部分。

（2）大豆根系的特征

大豆根系的一般特征：一是根的大部分集中于20厘米表土耕层；二是在8厘米范围主根不仅粗大，而且主要侧根也集中在这里；三是粗大的侧根自地表8厘米处的主根上分生后，向周围平行扩展远达50厘米，并与其他侧根交织，其后就急转向下，深度和形状与主根类同。

（3）大豆根的生长

大豆根的生长在整个生长期呈一单峰曲线。正常条件下，播种5~6天后开始发芽，胚根伸长，突破种皮入土，形成一个锥形主根，根端具生长点，一直向下生长。不久，在近地表的主根由上而下顺序发生4列小突起，按先后生长，形成侧根。发芽达1个月以后，除主根继续伸长外主要从一级侧根上产生二级侧根。苗期大豆根系生长，比地上部分要快5~7倍。由分枝到开花，根的生长最旺盛，从开花末期到豆蔓伸长期，根量达最高峰，以后逐渐衰败，到种子开始形成时，根的延长与生长停止。

（4）大豆根瘤

大豆根瘤菌在适宜的环境条件下，在根系产生一种能诱使根瘤菌趋向根尖的分泌物，使带鞭毛的根瘤菌趋集于根毛附近，然后根瘤菌从根毛尖端侵入根部，被侵入的根部皮层细胞因受刺激而加速分裂，细胞数量增多，组织膨大，形成根瘤。当根瘤长成以后，根瘤合成的铵态氮通过维管束输送给大豆，约有3/4的铵态氮供大豆生长发育，另外1/4供给根瘤本身生长，这时根瘤与大豆是共生关系。

2. 茎和分枝

大豆茎秆强韧，茎上有节，一般主茎有节14~20个。幼茎有紫、绿两种颜色，紫茎开紫花，绿茎开白色。成熟后茎呈黄褐色。茎高一般50~100厘米。有限结荚习性品种植株矮壮，无限结荚习性品种植株高大。茎上有分枝，分枝的多少与品种、环境、栽培条件有密切关系。

3. 叶和花序

大豆的叶分为子叶、单叶和复叶。子叶两片，富含养分。子叶出土前为黄色或绿色，出土后经阳光照射变为绿色，能进行光合作用。保护子叶是实现壮苗的重要条件。

子叶展开后 2~3 天即长出两片对生真叶，以后每节长出由 3 片小叶组成的复叶。每一复叶由托叶、叶柄、小叶组成。研究表明，大豆光合速率与小叶厚度、单位面积叶片干重极显著相关，这两个性状可以作为选育高光效大豆品种的间接根据。

大豆为总状花序，着生于叶腋间或植株顶部。花朵簇生在花柄上，每个花簇一般有 15~20 朵花。大豆落花落荚率较高，一般达 30%~40%。每一单花由苞叶、花萼、花冠、雄蕊和雌蕊组成。大豆花为白色或紫色，自花授粉。

4. 荚果和种子

大豆果实为荚果，一般含种子 2~3 粒。荚果被有茸毛，成熟时为黄、灰、褐等固定色泽，为品种特征。荚果开裂的难易，常因品种不同而异，不开裂型品种有利于机械化收获，损失小。每簇花通常着生豆荚 3~5 个，每株结荚因品种、类型和栽培季节不同而异，一般 20~30 个荚，每株结荚数的多少，是丰产性能高低的表现。

大豆种子的形状有圆形、椭圆形、长扁椭圆形等形状。种子大小通常用百粒重（即 100 粒种子的克数）表示。百粒重 14 克以下为小粒种，14~20 克为中粒种，20 克以上为大粒种。栽培品种多为中粒种。

（二）大豆的一生

大豆从播种到新的种子成熟，叫作大豆的一生。从出苗到成熟所经历的天数为生育期。大豆的一生可分为发芽和出苗期、幼苗期、分枝期、开花期、结荚期和鼓粒期 6 个时期。

1. 发芽和出苗期

大豆要吸足相当于本身重量 100%~150% 的水分，在有适宜温度和充足氧气的条件下即可正常发芽，贮藏在子叶里的营养物质，在酶的作用下，将蛋白质水解成氨基酸，脂肪水解成脂肪酸和甘油，淀粉水解成单糖，供种子萌发需要。胚细胞利用这些营养物质进行旺盛的代谢作用，形成新的细胞，开始生长。首先，胚根从珠孔伸出，当胚根与种子等长时就叫发芽。其次，胚轴伸出，种皮脱落，子叶随着下胚轴的伸长包着幼芽露出地面，称为出苗，子叶出土见光后由黄变绿，进行光合作用，合成有机物质，供幼苗生长需要。

2. 幼苗期

从出苗到分枝出现称为幼苗期。大豆出苗后，幼苗继续生长，上面两片对生的单叶（即真叶）随即展开，此时称为真叶期，接着长出第一个复叶称为三叶期。三叶期根瘤开始形成，根系生长快，地上部的生长日渐加快，这个阶段一般需要 20～25 天。

3. 分枝期

从形成第一个分枝到第一朵花出现称为分枝期。此期植株开始旺盛生长，一方面形成分枝，加速花芽分化，扩展根系；另一方面植株增加养分积累，为下阶段生长准备物质条件。此时是营养生长与生殖生长并进时期，但仍以营养生长为主。

大豆的分枝是由复叶叶腋内的分枝芽发育而来，植株下部芽大部分能发育成分枝，一般有 4～5 个，中、上部的腋枝多发育成花序。第一次分枝还能长出第二次分枝，第三次分枝……

大豆枝芽的分化能力与栽培条件有关，在环境条件不良或密度过大时，枝芽呈潜伏状态，分枝少，结荚部位提高。大豆分枝多少与单株生产力密切相关，分枝多，单株产量高。

4. 开花期

大豆 2/3 以上植株出现两朵以上花的时期称为开花期。大豆从花芽分化到开始开花的天数比较稳定，一般 20～30 天。全田开花株数达 10% 为始花期，达 50% 为开花期，达 90% 为终花期。

大豆从出苗到开花的天数，因品种和栽培季节不同而异，一般为34~60天。

5. 结荚期

大豆授粉、受精后，子房发育膨大，形成幼荚。当幼荚长达1厘米时叫结荚。全田有50%植株已结荚，叫结荚期。大豆结荚顺序与开花顺序相同，在此不再赘述。豆荚的生长是先长荚的长度，后长荚的宽度，最后长荚的厚度。

6. 鼓粒期

大豆鼓粒期是从荚内豆粒开始鼓起到体积与重量最大时止。大豆开花前，花粉即散落在柱头上，一般在24小时完成受精过程。荚果的发育至开花后20天达最大值。当荚果伸长达最大值时，籽粒就迅速膨大，此时叶片的有机物质不断转移到籽粒中去，是决定每荚粒数、粒重和化学成分的重要时期。籽粒的发育最先增长宽度，然后增长长度和厚度。

(三) 大豆生长发育的环境条件

1. 温度

大豆是喜温作物，种子发芽的适宜温度为18~20℃，气温达到25℃以上4天就能出苗。大豆幼苗期能耐短期低温，随着苗龄的增长，耐低温的能力逐渐减弱。

大豆生长期间，最适温度为15~20℃，开花期要求20~25℃，如果温度低于15℃，有碍于开花结荚。春大豆播种期间，如遇寒潮阴雨天气，往往出苗缓慢，甚至烂种缺苗。秋大豆播种过晚，易遭寒潮危害。因此，在茬口安排上要趋利避害，满足大豆生长发育对温度的需要。

2. 光照

大豆是喜光作物。光合面积、光合能力及光合时间直接影响大豆的产量。因此，合理密植、适时早播或育苗移栽，延长叶片寿命，防止叶片早衰，增加叶片光合能力，是大豆获得高产的关键。

大豆是短日照作物，缩短日照能促进花芽分化，提早开花成熟。大豆幼苗长出第一片复叶时，开始对光照起反应。当大豆植株出现花原基时，标志着光照阶段已经完成。但不同品种对光照长短的反应也不相同，南方低纬度地区品种对光照反应较敏感。

3. 水分

大豆是需要水分较多的作物。从出苗到开花每株大豆平均每昼夜需耗水 100～150 克，从开花到灌浆每株平均每昼夜需耗水 300～540 克。

大豆一生需水规律是"少、多、少"，即前 1/3 时期需水少，中间 1/3 时期需水量最多，后 1/3 时期需水量也少。农谚称"湿花干荚，亩①收百八""大豆开花，沟里摸虾"，正反映了大豆中期大量需水的规律。

4. 土壤

大豆是深根作物，具有强大根系，一般主根入土 35～50 厘米，有时可深达 80～100 厘米，因此以土层深厚，排水良好，富含钙质、腐殖质，结构良好的壤土或砂壤土最为适宜。最适宜的土壤 pH 值为 6.8～7.5。但大豆根系多集中在表层 20 厘米左右的土层中，一般土壤均能种植。

5. 养分

大豆是需要养分较多的作物。大豆制造一个单位干物质所需养分与水稻、小麦比较，氮素多 2 倍，磷、钾素多 0.5～1.0 倍。其一生需肥的情况是，从出苗至始花，三要素吸收量占总吸收量的 25%～35%，从始花到鼓粒需氮量占总需氮量的 54% 左右，需

---

① 1 亩 ≈667 米²，15 亩＝1 公顷。全书同。

磷量占 52% 左右，需钾量占 62% 左右，生育后期对氮钾的吸收大为减少，但对磷的吸收仍未终止。在苗期至开花阶段适量追施氮肥，有利于分枝、花芽分化和开花结荚。

大豆除需要较多的氮、磷、钾外，还需要一定量的钙、锌、铜、钼等多种元素。钙可促进磷和铵态氮的吸收。大豆种子钼素含量较高，一般认为种子含钼素少于 26 毫克/千克时，施钼肥能增产。

二、玉米的生物学特性

玉米又名玉蜀黍，俗名很多，如苞米、苞谷、玉茭、玉麦、棒子及珍珠米等。玉米属于禾本科玉米属的一年生草本植物。

（一）玉米的形态特征

1. 根

玉米根系属于须根系。根据发生时期和着生部位不同分初生根、次生根和支持根 3 种。

（1）初生根

初生根是种子萌发时，种根伸出成主根，1~3 天后又在胚轴下面长出 3~5 条侧胚根，组成初生根系，为幼苗期主要吸收器官。

（2）次生根

由地下茎节上长出的根，为玉米一生的主要根系。一般为4~6 层，多达 8~9 层。

（3）支持根

支持根又称气生根。玉米抽穗前从靠近地面上 1~3 节的茎节处发生，一般为 2~3 层。支持根粗壮，分枝多，吸收、抗倒能力强，入土后与次生根具有相同的作用。

2. 茎

玉米株高 1~4.5 米，茎秆呈圆筒形，髓部充实而疏松，富含水分和营养物质。玉米茎由节和节间组成，茎节的数目为 12~22 个，其中茎基部 4~6 节密集在一起，一般生育期越长节数越多，早熟品种节数少。

玉米除上部 4~6 节外，其余叶腋中都能形成腋芽。地上部的腋芽通常只有最上部的 1~2 个能发育成果穗。地下部的腋芽可发育成分蘖，一般不结穗，栽培上要求及早除去。

玉米茎秆 2 米以下为矮秆型，2~2.5 米为中秆型，2.5 米以上为高秆型。

3. 叶

玉米一般全株有叶 15~22 片，不同品种间的叶片数差别较大，一般早熟种 12~16 叶，中熟种 17~20 叶，晚熟种 20 叶以上。

玉米叶由叶片、叶鞘和叶舌组成。叶身宽而长，叶缘常呈波浪形。叶鞘厚而坚硬，紧包茎秆，与叶身连接处有叶舌，也有不具有叶舌的变种。玉米展叶露出下位叶环以上且外表可见 1 厘米长时称为可见叶，上下叶环平齐时称为展开叶。

4. 花

玉米是雌雄同株异花作物，天然杂交率一般在 95% 以上，为异花授粉作物。

（1）雄穗

着生在植株顶端的是雄穗，雄花序由主轴、分枝、小穗和小花组成。每个小穗有两朵雄花，每朵花有 3 个雄蕊，成熟小花花丝伸长，花药散粉，即为开花。

（2）雌穗

雌穗由茎顶往下倒数第 5~7 个节上的腋芽发育而成，受精结实后发育成果穗。果穗着生在穗柄顶端，穗柄是缩短的茎秆，有多个密集的节和节间，每个节上着生一片由变态叶鞘形成的苞叶。雌穗周围成对着生许多无柄雌小穗，每一小穗有两个短而宽的颖片和两朵小花。其中一朵退化，失去受精能力，为不孕小花，果穗上成对排列着小穗花，由于一花退化，一花结实，故果穗行为偶数。小穗花的花柱和柱头细长，合称"花丝"，黄色、浅红或紫红色，其上密生茸毛，能接受花粉。

雄穗开花一般比雌穗吐丝早 3~5 天。

5. 果实和种子

玉米的种子也就是植物学上的颖果，颜色有黄色、白色、紫色、红色或呈花斑等。生产上栽培的以黄色和白色居多。玉米的种子由种皮、胚乳和胚 3 个主要部分组成，它们分别占种子总质量的 6%~8%、80%~85% 和 10%~15%。

种皮位于种子的最外层，主要作用是保护种子。胚乳位于种皮内，是籽粒能量的贮存场所，含有丰富的淀粉等。特用玉米的胚乳成分异于普通玉米，如甜玉米胚乳中可溶性糖分增加，糯玉米胚乳中淀粉全由支链淀粉组成。

胚位于种子一侧的基部，由胚芽、胚轴、胚根、子叶所组成，其实质就是尚未成长的幼小植株。胚芽的外面为胚芽鞘，有保护幼苗出土的作用。胚芽鞘内包裹着几个普通的叶原基和顶端分生组织，将来发育成茎叶。胚的下端为胚根，发芽后形成初生根。

（二）玉米的一生

玉米从播种到新的种子成熟，叫作玉米的一生。从出苗到成熟所经历的天数为生育期。在玉米的一生中，按形态特征、生育特点和生理特性，可分为播种期、出苗期、拔节期、抽穗期、开花期、吐丝期、成熟期 7 个生育期。

1. 播种期

播种当天的日期，以月/日表示。

2. 出苗期

全田有 50% 穴数的幼苗出土，苗高达到 2~3 厘米高的时期。

3. 拔节期

植株基部茎节开始伸长，茎节长度达到 2~3 厘米，雄穗生长锥进入伸长的时期为拔节。全田 60% 以上的植株拔节称为拔节期。标志着植株茎叶已全部分化完成，将要开始旺盛生长，雄花序开始分化发育，是玉米生长发育的重要转折时期之一。

4. 抽雄期

全田 50% 植株雄穗主穗从顶叶露出 3~5 厘米时称为抽雄，全田 60% 以上植株抽雄的时期称抽雄期。此时，植株的节根层数不再增加，叶片即将全部展开，茎秆下部节间长度与粗度基本定型，雄穗分化已经完成。

5. 开花期

雄穗主穗小穗开始开花的时期。

6. 吐丝期

全田 50% 以上植株的雌穗花丝从苞叶伸出 2~3 厘米的时期。正常情况下，玉米雌穗吐丝期和雄穗开花期同步或迟 2~3 天。若抽穗前 10~15 天遇干旱，这两个时期的间隔天数增多，严重时会造成花期不遇，授粉受精不良。

7. 成熟期

全田 90% 以上植株的果穗苞叶自然变黄松散，果穗中下部籽粒乳线消失，胚位下方尖冠处出现黑色层的时期。这时籽粒变硬，干物质不再增加，呈现品种固有的形状和粒色，是收获的适期。

（三）玉米生长发育的环境条件

1. 温度

玉米是喜温作物，在不同生长发育时期，均要求较高的温度。

玉米种子在 6~8℃即可发芽，但速度较慢，10~12℃发芽快，生产上常以 5~10 厘米土层温度稳定在 10~12℃作为适期早播的温度指标。

苗期若遇-3~-2℃的低温，幼苗会受到冻伤，-4℃可能会被冻死。

抽雄开花时，日均温以 24~26℃最宜，气温高于 32℃，空气相对湿度低于 30%，会使花粉失水干枯，花丝枯萎，导致授粉不良，缺粒减产。低于 20℃，花药不能正常开裂，影响授粉。

在籽粒形成和灌浆期间，日均气温以 22~24℃最宜，低于16℃或高于 25℃，酶的活性则受影响，光合产物积累和运输受阻，导致灌浆不良。

2. 光照

玉米属短日照、高光效作物。在短日照条件下发育较快，长日照条件下发育缓慢。一般在每天 8~9 小时光照条件下发育提前，生育期缩短；在长日照（18 小时以上）条件下，发育滞后，成熟期略有推迟。

玉米不同生育时期对光照时数的要求有差异，播种前到乳熟期为 8~10 小时，乳熟期至完熟期应大于 9 小时。雌穗比雄穗的发育对日照时数要求更严格，许多低纬度的品种引到高纬度地区种植能够抽雄，但雌穗不能抽丝。玉米籽粒积累的干物质 90%左右是植株在扬花以后制造的。

光是玉米进行光合作用的能源，通过有机物质的合成，供应量而影响植株的生育状况。在强光照条件下，合成较多的光合产物，供应各器官生长发育，茎秆粗壮坚实，叶片肥厚挺拔。玉米需光量较大，光饱和点约为 100 000 勒克斯以上，光补偿点为500~1 500 勒克斯。在此范围内，光合作用强度随光照强度的增加而增加。光照强度如低于光补偿点，则合成的有机养分少于呼吸消耗量，入不敷出，植株生长停滞。

3. 水分

玉米喜湿润、怕干旱、忌渍水。在种子萌发时必须吸收相当于本身风干重35%~37%的水分才能萌发。苗期玉米需水少，抗旱力较强。从抽雄前10~15天到籽粒形成期（受精后15天内）是生理需水临界期。这时如干旱缺水，会影响抽穗、开花授粉和受精过程而缺粒、秃顶、空苞。若水分过多，则引起根部早衰。

4. 土壤

土壤是玉米扎根生长的场所，为植株根系生长发育提供水分、空气及矿物质营养。玉米对土壤酸碱度（pH值）的适应范围为5~8，以6.5~7最适宜。玉米对土壤空气要求比较高，适宜土壤空气容量一般为30%，是小麦的1.5~2倍；土壤空气最适含氧量为10%~15%。因而，土层深厚，结构良好，肥、水、气、热等因素协调的土壤，有利于玉米根系的生长和肥水的吸收，根系发达，植株健壮，高产稳产。据研究，砂壤土、中壤土和壤土容重比黏土低，总孔隙度和外毛管孔隙度大，通气性好，玉米根系条数、根干重、单株叶面积、穗粒数和千粒重都是砂壤土居高。

5. 养分

玉米生长所需的营养元素有20多种，其中氮、磷、钾属于大量元素，钙、镁、硫属于中量元素，锌、锰、铜、钼、铁、硼、铝、钴、氯、钠、锡、铅、银、硅、铬、钡、锶等属于微量元素。玉米植株体内所需的多种元素，各具特长，同等重要，彼此制约，相互促进。玉米所需的矿质营养主要来自土壤和肥料，土壤有机质含量及供肥能力与玉米产量密切相关，玉米吸收的矿质营养元素60%~80%来自土壤，20%~40%来自当季施用的肥料。

第二节　间作和套作

大豆玉米带状复合种植是一种在传统间作、套作基础上创新发展而来的一季双收两种作物的种植模式。掌握大豆玉米带状复合种植模式，首先需要先了解一下农作物间作、套作的相关知识。

一、间套作的概念和特点

（一）间作的概念和特点

间作是指在同一块田地上，同时或同一季节内有规则地相间种植两种或两种以上作物的种植方式。

间作的特点：①不同作物在田间构成人工复合群体，个体之间既有种内关系，又有种间关系；②间作作物的播种期、收获期相同或不相同，但作物的共生期长，其中，至少有一种作物的共生期超过其全生育期的一半；③间作是集约利用空间的种植方式。

（二）套作的概念和特点

套作是指生育季节不同的两种或多种作物，在前季作物生长后期的行间或株间播种或移栽后季作物的种植方式，也称为套种、串种。

套作的特点：套作的农作物共生期短，每种作物的共生期都不超过其全生育期的一半。

二、间套作的优点

（一）增加复种指数，提高土地利用率

间套作利用农作物生长的"空间差"和"时间差"，进行多

层次、多作物立体开发的技术。例如，甘蔗从下种到封行要经过 4 个月，合理地间种其他作物，可争取空间，充分利用土地和光能等自然条件，以提高复种指数，并能提高甘蔗产量及增收其他作物。

（二）提高土壤肥力，改良土壤理化性状

合理的间套作，利用收获后的间套作作物青叶、茎秆还田，可增加土壤有机质和氮、磷、钾等营养含量，促进土壤中微生物生长活动，改善土壤团粒结构，达到用地养地的目的。

（三）改善小气候，减轻病虫、杂草为害和其他自然灾害，稳产保收

如蔗行间作绿肥、豆类、蔬菜等，可提早覆盖蔗行，起到防旱保水、减少土壤水分蒸发的作用。八角林下间作金钱草、千斤拔、鸡骨草、天冬等中草药材，能够除去八角林里的其他杂草和树木，可以很好地改善八角树的生长环境，另外八角林土地肥沃，水分充足，八角林还能为中草药蔽阴，很适合中草药的生长。玉米间作南瓜，南瓜花蜜能引诱玉米螟的寄生性天敌——黑卵蜂，可有效地减轻玉米螟的为害等。

（四）增加综合效益

广西各地进行甘蔗间作西瓜、大豆等，充分利用甘蔗苗期生长比较慢，行距空间宽，间种作物与甘蔗相互之间没有有害竞争，相反还有利于减少杂草为害，增加了间种作物的收入。

三、间套作技术要点

（一）要选择适宜作物种类和品种搭配

间套作作物种类搭配要考虑田间通风透光，要注意选择"一高一矮、一肥一瘦、一圆一尖"作物进行搭配，如甘蔗间种大豆、花生、辣椒、西瓜等。为了充分利用土壤肥力和光能，减少间套作物之间的相互影响，还要注意选择"一深一浅、一长一短、一三一四、一固一耗"作物进行搭配，即：深根作物与浅根作物搭配；生育期稍长与生育期稍短作物搭配，尽可能减少或缩短共生期；C_3 作物与 C_4 作物搭配，光照强度较高；其他作物与豆科作物搭配。

间套作也要因地制宜选用品种，如木薯间作西瓜则选用直立型木薯良种，减少对间种作物的影响，西瓜则选用小果型耐旱的西瓜良种，以适应早春下雨较少的条件。

（二）采用相适应的栽培技术

例如，玉米套种指天椒，指天椒在离玉米收获期 30~40 天移栽为宜，不能套作太早，避免指天椒在玉米遮阴下生长期过长，防止植株徒长。

四、间套作的原则

运用间套作种植方式，目的主要是在有限的耕地上，提高土壤和光能的利用率，获得更多的产品。在生产中需要坚持以下原则。

（一）合理搭配，协调生产

要根据当地的自然光、热资源条件，水、肥等生产条件，根据作物的生物学特性，进行作物的合理搭配。以充分利用光能资源，减轻两种作物在共生期内争水、争肥、争光的矛盾，协调利用地力。农作物对光能的利用率最高可达到 6%，而现在的光能利用率平均小于 1%，世界上最高产地块的光能利用率已接近 5%。大豆玉米间作的光能利用率可以提高到 3%，因此，在提高光能的利用率方面具有很大的调整空间。根据多年的间作试验与示范推广经验，在间套作的品种搭配上要注意以下几点。

1. 空间利用方面

要选择高秆与矮秆、株型松散与株型紧凑搭配，如玉米可与马铃薯或豆类等作物搭配，在叶型上选择尖叶类作物（如单子叶中的禾谷类作物）和圆叶类作物（如双子叶中的豆类、薯类作物）搭配。

2. 用地与养地方面

要注意用养相结合，在根系深浅上，选择深根性作物与浅根性作物搭配，如粮食与蔬菜，以便充分利用土壤中不同层次的水分与养分。

3. 作物对光照强度的要求方面

选择耐阴作物与喜光作物搭配，如小麦（喜光）套种马铃薯（耐阴）或间作豆类（耐阴）、玉米（喜光）与大豆（耐阴）间作等。

4. 选择适宜当地种植的丰产品种

对间作而言，首先要选择好搭配作物的种类，其次要求所选择的两类作物品种的生育期相近、生长整齐、成熟期一致。在选择经济作物种类时，要选择和确定适应性强、产量高的品种。同时，应注意不同作物的需光特性、生长特性以及作物之间相生相克原理，发挥作物有益作用，减少作物间抑制效应。

（二）适宜配置，机械管理

配置方式是指在间套作或带状种植中，两种作物采取在行间或者隔行、或呈带状的间套作。

1. 两种作物共同生长期长，宜采用带状间作种植

如大豆洋葱间作种植时，应以 1 米为一带种植，采用行比1：5间作种植模式，其中70厘米带宽移栽洋葱5行，30厘米宽种大豆1行；大豆玉米间作，一般采用行比3：2、4：2、4：3的间作种植模式，即以 3 行大豆间作 2 行玉米、4 行大豆间作 2 行玉米、4 行大豆间作 3 行玉米，这 3 种间作配置方式和配置比例的群体结构较好，既可发挥玉米的边行优势，增加玉米产量，

又可减少玉米对大豆的遮阴作用，获得较高的大豆产量，增产增效较显著。

2. 两种作物共同生长期短，可在行间或隔行间套作

如玉米大蒜间作，可实行玉米大小行种植，大行83~85厘米，种植大蒜4~5行；玉米马铃薯间作种植，玉米实行大小行种植，大行80厘米，小行40厘米，大行可种植马铃薯2行。

在实际生产中，应根据主要作物和次要作物确定适宜的间作配置方式和配置比例。在具体的种植过程中，还要处理好农机与农艺结合、良种与良法配套、节本与增效并重等问题，只有实现种管收全程机械化管理和精简化栽培，最大限度地降低生产成本、增加收入，才能提高新型农业经营主体和小农户的种植积极性。

(三) 合理密植，适宜密度

间套作改变了作物的群体结构，创造了边行优势，提高了作物的通风透光条件。因此，可适当增加种植密度，促进群体增产。大量研究和生产实践表明，群体密度增加对间作的增产效果明显，间套作复合群体适宜的总密度要高于单作中的任何一个，才能实现增产增收，而密度不足、缺苗断垄，则会造成减产。不同作物间作，密度的增加幅度略有不同。例如，小麦在间套作中，密度一般比单作提高20%~30%，玉米一般提高30%~50%，多数间作种植作物的密度可以比单作增加30%~40%。

(四) 综合管理，减少竞争

间套作要针对不同作物的水肥需求，采取相应的、综合的田间管理措施。特别是在灌水、施肥方面，既要考虑主作物对水肥的需求特点，又要兼顾间套作作物的水肥需求特性，同时协调好二者之间的关系，促进共同生长发育，尽量避免种间竞争。而且要扩大间套作互补效应，达到共同增产，尽可能减少二者的竞争效应。目前在我国西北、西南、华北等大部分地区，针对间套作田间管理方面的研究和措施已得到了深入和广泛的应用，大部分新型农业经营主体负责人和部分农民已经掌握了间套作的种植技术和管理技能。

第三节　大豆玉米带状复合种植技术

一、大豆玉米带状复合种植技术的内涵

（一）大豆玉米带状复合种植技术的概念

大豆玉米带状复合种植技术是在传统间套作的基础上创新发展而来的，采用玉米带与大豆带间作（复合）种植，让高位作物玉米株具有边行优势，扩大低位作物大豆受光空间，实现玉米带和大豆带年际间地内轮作，又适于机播、机管、机收等机械作业，在同一地块实现大豆玉米和谐共生、一季双收，是稳玉米、扩大豆的一项重要种植模式。该种植模式并非一行玉米一行豆，现在试点试验的多数是 2~4 行玉米、2~6 行大豆，因此称为大豆玉米带状复合种植。

（二）大豆玉米带状复合种植技术的类型

大豆玉米带状复合种植模式包括两大类型：一是大豆玉米同时播种、同期收获的大豆玉米带状间作（图 1-1），该类型中大豆和玉米共生时间大于全生育期的一半，大豆前期不受玉米影响，中后期受到与之共生的玉米影响，能集约利用空间。二是玉米先播，在玉米生长的中后期套播大豆的大豆玉米带状套作（图 1-2），该类型中大豆和玉米共生时间少于全生育期的一半，大豆前期受到玉米的影响，玉米收获后大豆中后期有相当长的单作生长时间，能充分利用时间和空间。

图 1-1 大豆玉米带状间作田间布置图

图 1-2 大豆玉米带状套作田间布置图

（三）与传统大豆玉米间套作模式的区别

1. 田间配置方式不相同

田间配置方式的区别主要表现在下列方面。一是带状复合种植一般采用（2~4 行玉米）:（2~6 行大豆）的行比配置，年际间实行带间轮作；而传统间套作多采用单行间套作、1 行:2 行或多行:多行的行比配置，作物间无法实现年际间带间轮作（图1-3）。二是带状复合种植的两个作物带间距大、作物带内行距小，降低了高位作物对低位作物的荫蔽影响，有利于增大复合群体总密度；而传统间套作的作物带间距与带内行距相同，高位作物对低位作物的负面影响大，复合群体密度增大难。三是带状复合种植的株距小，两行高位作物玉米带的株距要缩小至保证复合种植玉米的密度与单作相当，以保证与单作玉米产量相当，而大豆要缩小至达到单作种植密度的 70%~100%，多收一季大豆；而传统间套作模式都采用同等大豆行数替换同等玉米行数，株距也与单作株距一样，使得一个作物的密度与单作密度相比成比例降低甚至仅有单作的一半，产量不能达到单作水平，间套作的优势不明显。

图1-3 大豆玉米等行距 1:1 间作田间布置图

2. 土地产出目标不同

间套作的最大优势就是提高土地产出率，大豆玉米带状复合种植本着共生作物和谐相处、协同增产的目的，玉米不减产，多收一季大豆。大豆、玉米的各项农事操作协同进行，最大限度减少单一作物的农事操作环节，增加成本少、产生利润多，投入产出比高。该模式不仅利用了豆科与禾本科作物间套作的根瘤固氮培肥地力，还通过优化田间配置，充分发挥玉米的边行优势，降低种间竞争，提升大豆、玉米种间协同功能，使其资源利用率大大提高，系统生产能力显著提高，复合种植系统下单一作物的土地当量比均大于1或接近1，系统土地当量比在1.4以上，甚至大于2；传统间套作偏向当地优势作物生产能力的发挥，另一个作物的功能以培肥地力或填闲为主，生产能力较低，其产量远低于当地单作生产水平，系统的土地当量比仅为1.0~1.2。

3. 机械化程度不同、机具参数不同

大豆玉米带状复合种植通过扩大周边作物带间宽度至播、收机具机身宽度，大大提高了机具作业通过性，使其达到全程机械化，不仅生产效率接近单作，而且降低了间套作复杂程度，有利于标准化生产。传统间套作受不规范行比影响，生产粗放、效率低，要么因1行∶1行（或多行）条件下行距过小或带距过窄无法机收；要么因提高机具作业性能而设计的多行∶多行，导致作业单元宽度过大，间套作的边际优势与补偿效应得不到发挥，限制了土地产出功能，土地当量比仅仅只有1.0~1.2［一亩地产出了1~（1~2）亩地的粮食］，甚至小于1。大豆玉米带状复合种植的作业机具为实现独立收获与协同播种施肥作业，机具参数有特定要求。一是某一作物收获机的整机宽度要小于共生作物相邻带间距离，以确保该作物收获时顺畅通过；二是播种机具有2个玉米单体，且单体间距离不变，根据区域生态和生产特点的不同

调整玉米株距、大豆行数和株距，尤其是必须满足技术要求的最小行距和最小株距；三是根据玉米、大豆需肥量的差异和玉米小株距，播种机的玉米肥箱要大、下肥量要多，大豆肥箱要小、下肥量要少。

二、大豆玉米带状复合种植技术的特点

（一）大豆玉米带状复合种植技术的核心要点

1. 扩间距

采用宽窄行种植，在玉米宽窄行适度的前提下扩大玉米与大豆之间的距离。玉米宽行 160 厘米，窄行 40 厘米，在玉米宽行内种 2 行大豆，行距 40 厘米，大豆行与玉米行间的距离 60 厘米。这不仅使每行玉米具有边行优势，还有利于大豆的生长以及机械化作业。

2. 缩株距

缩小大豆、玉米株距，达到净作的种植密度，一块地当成两块地种植。大豆、玉米穴距 12~15 厘米，大豆密度每亩 9 000~13 000 株，穴留 2 株，玉米密度每亩 4 500 株以上，穴留 1 株。

3. 配套技术

大豆玉米带状复合种植技术还需要掌握的配套技术包括苗前封闭除草、干拌种、调肥控旺、控旺长、防病控虫等。

（二）大豆玉米带状复合种植技术的特点

与常规技术相比，该技术具有产出高、可持续、低风险、机械化等特点。

1. 产出高

大豆玉米带状复合种植技术通过高秆作物与矮秆作物、C_3 作物与 C_4 作物、养地作物与耗地作物搭配，复合系统光能利用率达到 4.05 克/兆焦，带状间作和带状套作系统土地当量比分别

达到 1.42 和 2.36（分别相当于 1 亩地产出 1.42 亩和 2.36 亩地的粮食）；应用该技术后的玉米产量与当地单作产量水平相当，新增带状套作大豆 130～150 千克/亩，新增带状间作大豆 100～130 千克/亩；玉米籽粒品质与单作相当，大豆籽粒的蛋白质和脂肪含量与单作相当，异黄酮等功能性成分提高 20% 以上；亩增产值 400～600 元，既增加农民收入，又在不减少粮食产量的前提下增加优质食用大豆供给。

2. 可持续

大豆玉米带状复合种植技术根据复合种植系统中大豆、玉米的需氮特性，大豆带与玉米带年际间交换轮作，自主研制了专用缓释肥与播种机，优化了施肥方式与施肥量，一次性完成播种与施肥作业，每亩减施纯氮 4 千克以上。根据带状复合种植系统的病虫草发生特点，提出了"一施多治、一具多诱、封定结合"的防控策略，研发了广谱生防菌剂、复配种子包衣剂、单波段 LED 诱虫灯结合性诱剂、可降解多色诱虫板、高效低毒农药及增效剂等综合防控产品，创制了播前封闭除草、苗期茎叶分带定向喷药相结合的化学除草新技术，降低了农药施用量。

3. 低风险

大豆玉米带状复合种植将高秆的禾本科与矮秆的豆科组合在一起，互补功能对抵御自然风险具有独特的作用，特别是在耐旱、耐瘠薄、抗风灾上显示出突出效果。相对单作大豆或玉米，带状复合种植后作物根系构型发生重塑，既增强了根系对养分的吸收，又增强植株的耐旱能力；行向与风向一致，宽的大豆带有利于风的流动，玉米倒伏降低；有效弥补了单一大豆或单一玉米种植因其价格波动带来的增产不增收问题。

4. 机械化

大豆玉米带状复合种植技术通过宽窄行配置，有效实现了播种、田间管理、收割等环节的机械化，大大提高作业效率、减少劳动投入，既适用于农户经营，又有利于标准化及规模化生产的合作社及家庭农场经营。

三、大豆玉米带状复合种植技术的适用范围

该技术模式用途广泛，不仅可用于粮食主产区籽粒型大豆、玉米生产，解决当地的粮食增产问题；还可用于沿海地区或都市农业区鲜食型大豆、玉米生产，结合冷冻物流技术，发展出口型农业，解决农民增收问题。在畜牧业较发达或农牧结合地区，可利用大豆、玉米混合青贮技术，发展玉—豆—畜循环农业。

第一，籽粒型。运用收获籽粒的大豆、玉米品种进行带状复合种植。

第二，鲜食型。运用鲜食毛豆品种和鲜食玉米品种进行带状复合种植。

第三，青贮型。运用饲草大豆品种或青贮大豆品种与青贮玉米品种或粮饲兼用型玉米品种带状复合种植。

第四，绿肥型。籽粒玉米品种与绿肥饲草大豆品种带状复合种植，玉米粒用，大豆直接还田肥用。

四、大豆玉米带状复合种植技术的优势

大豆供需缺口巨大是困扰国家粮油安全的卡脖子难题，高产出与可持续的冲突是我国农业面临的重大挑战。四川农业大学玉米大豆带状复合种植与循环利用团队经过 22 年艰辛努力，创建研发了大豆玉米带状复合种植理论、技术和机具。

（一）创新带状复合种植新理论新技术

依托国家及省部级 55 个项目，创建带状复合种植光肥资源高效利用与株型调控理论，研发核心与配套技术实现了"作物协

同高产、机具通过、分带轮作"三融合。

（二）研制与带状复合种植配套的新机具

为确保带状复合种植下的小株距密植播种施肥、窄幅收获及分带定向喷雾作业，研制种管收专用机具，实现了农机农艺融合。

（三）集成适用于不同区域的带状复合种植新模式

选用紧凑型玉米和耐阴型大豆，利用 2 行密植玉米带与 2~6 行大豆带复合种植，将玉米行距增加到 120~140 厘米、株距减少到 8~14 厘米、玉米带与大豆带间距扩大到 60~70 厘米，确保带状玉米密度与净作相当、每亩增种大豆 8 000~12 000 株，这就更好地利用了光和肥，提高了土地产出率。

玉米受光空间由净作的平面受光变成了立体多面受光，行行具有边行优势；大豆受光量显著增加，边际劣势显著下降；实现玉米不减产、亩多收大豆 100~150 千克，1 亩地产出 1.5 亩地的粮食，光能利用率和土地产出率处于国际领先位置。

五、大豆玉米带状复合种植技术的应用与发展

（一）应用效果

大豆玉米带状复合种植技术连续 12 年入选国家及四川省农业主推技术，2007 年被四川省委一号文件列为广泛应用新技术，2007—2010 年列为四川省节水农业与粮丰工程主推技术，2011 年列为农业部农业轻简化实用技术，2013 年列为农业部全国六大现代农业种植技术，2019 年遴选为国家大豆振兴计划重点推广技术，2020 年中央一号文件指出"加大对玉米、大豆间作新农艺推广的支持力度"，2021 年《"十四五"全国种植业发展规划》明确将大豆玉米带状复合种植列为东北、黄淮海等地区大豆扩面增产的主推技术。

该技术在我国西南地区进行了大面积推广，在黄淮海、西北及东北地区进行了试验示范，年均应用面积近 1 000 万亩，多年多点专家测产表明，该技术相对传统净作玉米不减产，每亩多收带状套作大豆 130～150 千克或带状间作大豆 100～130 千克。2021 年，四川省仁寿县现代粮食产业示范基地经四川省农村科技发展中心组织专家测产，玉米实产 569.63 千克/亩，大豆百亩连片平均亩产 122.3 千克，两作物合计较大面积生产亩增产值 686.8 元，新增成本 224 元（种子 64 元、化肥农药 60 元、机械服务 100 元），每亩可新增利润 462.8 元；山东省肥城市农业农村局邀请专家对双北农业种植专业合作社的千亩示范片实收测产，玉米亩产 542.08 千克、大豆亩产 114.36 千克，相对当地净作玉米种植，带状间作每亩新增产值 700 元左右，新增成本 224 元（种子 64 元、化肥农药 60 元、机械服务 100 元），玉米产值降低 120 元左右，每亩可新增利润 356 元。

（二）发展方向

根据 2021 年中央农村工作会议精神和《"十四五"全国种植业发展规划》，2022 年将在全国 16 个省（区、市）推广大豆玉米带状复合种植 1 550 万亩，到 2025 年，全国推广面积达 5 000 万亩。

1. 确定适宜的区域发展模式

根据当地农业生产结构和产业需求，因地制宜选择发展大豆玉米带状复合种植技术模式。草食性牲畜多的粮食区或半农半牧区、农牧交错区，以发展大豆玉米带状复合种植饲用模式与混合青贮技术为重点，支持购置大豆玉米带状间作播种机。粮食主产区推广大豆玉米带状复合种植技术粒用模式，支持购置大豆玉米带状间作播种机、两行玉米收获机或窄型大豆（小麦）收获机。城郊地区建议推广鲜食玉米鲜食大豆带状复合种植。轮作休耕和土壤瘠薄地区适宜发展籽粒玉米绿肥饲草大豆带状复合种植。

2. 积极争取政策支持和示范推广专项资助

相关技术应用主体应大力宣传带状复合种植的独特优势以及对畜牧业和豆制品产业发展的积极作用，设立省部级示范推广专项，制定技术补贴、农机补贴和农业保险等激励政策措施，全力推进大面积应用。建议农业农村部将该技术明确列入耕地轮作休耕补贴、新技术补贴，配套农机具产品纳入农机补贴目录，将大豆玉米带状复合种植纳入农业保险产品名录。建议2022年首推的16个省（区、市）全部列入国家重大农业技术协同推广计划、绿色高质高效行动专项等。

3. 建立带状复合种植高产示范基地

各省（区、市）可根据自身实际，整合高标准农田建设、宜机化改造等项目资金，力争在拟推广的示范县建设一个现代农业园区或示范基地，实现"五良"配套，辐射带动大面积推广，全国大豆科技自强示范县应全面开展此项工作。

4. 组建技术服务团队

大豆玉米带状复合种植技术是一项全新的技术模式，与传统间作有本质区别，大豆、玉米的株行距、施肥方法、除草技术等都与净作不同，需要组建技术服务团队，开展业务干部、技术干部、科技人员和种植农户四位一体大培训和全环节技术指导，全面提升种植水平。

5. 设立研究专项

一是筛选适合当地的耐阴大豆品种和耐密植抗倒玉米品种；二是技术参数本土化；三是密植分控播种施肥机本土化和提高收获机具作业效率。

第二章　大豆玉米带状复合种植田间配置技术

第一节　品种选配

一、品种选配的参数

大豆玉米带状复合种植技术目标是保证玉米与单作玉米相比尽量不减产，增收一季大豆，实现大豆玉米双丰收。按照此要求，遵循"高位（玉米）主体，高（玉米）低（大豆）协同"的品种选配原理，通过多年多生态点的大田试验，明确了适宜带状复合种植的大豆玉米品种选配参数。

（一）大豆品种选配参数

在带状复合种植系统中，光环境直接影响低位作物大豆器官生长和产量形成。适宜带状复合种植的大豆品种的基本特征是产量高、耐阴抗倒，有限或亚有限结荚型习性的品种。在带状间作系统中，大豆成熟期单株有效荚数不低于该品种单作荚数的50%，单株粒数 50 粒以上，单株粒重 10 克以上，株高范围 55~100 厘米、茎粗范围 5.7~7.8 毫米，抗倒能力强的中早熟大豆品种。在带状套作系统中，大豆玉米共生期（V5~V6 期）大豆节间长粗比小于 19，抗倒能力较强；大豆成熟期单株有效荚数为该品种单作荚数的 70% 以上，单株粒数为 80 粒以上，单株粒重在 15 克以上的中晚熟大豆品种。

（二）玉米品种选配参数

生产中推荐的高产玉米品种，通过带状复合种植后有两种表现：一是产量与其单作种植差异不大，边际优势突出，对带状复合种植表现为较好的适宜性；二是产量明显下降，与其单作种植相比，下降幅度达20%以上，此类品种不适宜带状复合种植密植栽培环境。适宜带状复合种植的玉米品种应为紧凑型、半紧凑型品种，中上部各层叶片与主茎的夹角、株高、穗位高、叶面积指数等指标的特征值应为：穗上部叶片与主茎的夹角在21°～23°，棒三叶叶夹角为26°左右，棒三叶以下三叶夹角为27°～32°；株高260～280厘米、穗位高95～115厘米；生育期内最大叶面积指数为4.6～6.0，成熟期叶面积指数维持在2.9～4.7。

二、不同区域的品种选择

（一）黄淮海带状间作区品种选择

黄淮海带状间作区包括河北、山东、山西、河南、安徽、江苏等大豆玉米产区，以麦后接茬夏玉米夏大豆带状复合种植为主，从用途上主要有粒用、青贮两类。大豆品种可选用石豆936、齐黄34、中黄101、郑1307等，玉米品种可选农大372、良玉DF21、豫单9953、纪元128、安农591等。

（二）西北和东北带状间作区品种选择

西北和东北带状间作区包括甘肃、宁夏、陕西、新疆、内蒙古等大豆玉米产区，该区域无霜期短，以一季春玉米为主，采用春玉米春大豆带状复合种植技术，从用途上主要有粒用、青贮两类。大豆品种可选用中黄30、吉育441、东升7号、中黄318、中黄322等，玉米品种可选用金穗3号、正德305、先玉335、垦玉6189等。

（三）西南带状间套作区品种选择

西南带状间套作区包括四川盆地、云南、贵州、广西等玉米大豆产区，气候类型复杂多样，玉米适种期长，春玉米和夏玉米播种面积各占一半左右。春玉米可与春大豆带状间作，主要分布在贵州、云南，也可与夏大豆带状套作，主要分布在四川盆地、广西和云南南部；夏玉米可与夏大豆带状间作。

目前，适宜该区域并大面积应用的玉米品种主要有荣玉1210、仲玉3号、荃玉9号、云瑞47、黔单988；春大豆品种有川豆16、黔豆7号、滇豆7、云黄13，夏大豆品种有贡选1号、贡秋豆8号、南豆12、南豆25、桂夏3号及适宜的地方品种。鲜食玉米鲜食大豆带状复合种植可根据市场需求，鲜食玉米选用荣玉甜9号、锦甜68、荣玉糯1号等，鲜食大豆选用川鲜豆1号、川鲜豆2号、辽鲜1号、铁丰29等。青贮玉米青贮大豆带状复合种植，选择熟期较一致、粮饲兼用的玉米大豆高产品种，玉米品种可选用正红505、雅玉青贮8号、雅玉04889等，青贮大豆可选用南豆25等。

第二节　生产单元参数配置

一、生产单元的相关参数

生产单元是间套作各种农作物顺序种植一遍所占地面的宽度。例如，一个玉米带、一个大豆带构成一个带状复合种植体，为一个生产单元，全田由多个这样的生产单元组成。单元宽度是玉米带宽、大豆带宽和两个间距之和（图2-1）。一个生产单元包含行数、行距、间距、株距、带宽等田间配置及其参数。

（一）行数

间套作时，各种农作物的行数可用行比表示，即各农作物实际行数的比。如2行玉米间作3行大豆，行比为2∶3。

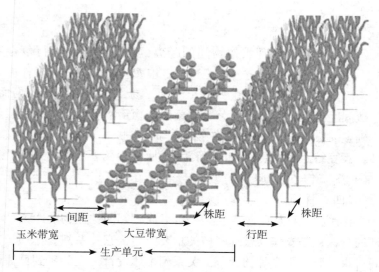

图 2-1　生产单元相关参数示意图

间作农作物的行数，要根据计划农作物产量和边际效应来确定。一般高秆作物表现边行优势，矮秆作物表现边行劣势。高位作物不可多于边际效应影响行数的两倍，矮位作物不可少于边际效应影响行数的两倍。另外，高矮作物间作时，要注意两作物的高度差和行比，调整原则为"高要窄，矮要宽"，即高秆作物行数少些，矮秆作物的行数多些，矮位作物的行数，还与作物的耐阴程度有关，耐阴性强时，行数可少；耐阴性弱时，行数宜多些。

套作农作物的行数应根据农作物的主次确定，矮位农作物为主要农作物时，行数宜较多；为次要农作物时，行数可较少。

（二）行距

行距就是同一作物带内行与行之间的距离。例如，大豆的行距是指相邻两行大豆的距离；玉米的行距是指相邻两行玉米的距离。

（三）间距

间距是相邻两种农作物间的距离，是间套作物边行争夺养分、水分最激烈的地方。间距过大，浪费空间，失去间套作的意义；间距过小，作物间竞争过于激烈，易造成两败俱伤的局面。一般间距处理，应以不过分影响矮位作物正常生长发育为宜。具体确定时，可根据两种农作物单作时行距一半之和进行调整。如：大豆行距40厘米，玉米行距60厘米，两者间作时的间距=（60+40）/2=50（厘米）。

（四）株距

株距，又称株间距离，是一行里面相邻两株作物的距离。合理的行株距是农作物合理密植的重要内容，它关系到农作物植株间对水、肥、阳光等的竞争，关系到个体发育，也关系到群体的光能利用率和土地利用率。一般来说，如果种植的农作物是体型高大的品种，株距可以大一些，而如果种植的农作物体型稍小，株距也可以稍微小一些。

（五）带宽

带宽是指间套作中每种农作物的两个边行相距的宽度。带宽一般与作物行数成呈相关。高位作物带内的行距一般都比单作时窄，利用边行优势，所以在与单作相同行数情况下，带宽要小于单作时相同行数行距的总和。一般隔行种植没有带宽，带状种植才有带宽。

二、带宽、行比和带间距配置原则

生产单元宽度对于全田群体结构具有决定性意义，是构建合理群体结构和决定其他参数的前提。各种类型的复合种植模式，在不同条件下，都要有一个相对适宜的宽度使其更好地发挥群体增产作用。否则安排过窄，大豆玉米互相影响，特别是大豆减产更多；安排过宽，减少了边行，玉米优势发挥不出来，或者密度显著下降，间套作优势丧失。确定适宜的生产单元宽度，涉及许多因素。一般可根据大豆玉米的品种特性、气候条件、用途、共生期长短以及农机具来确定。玉米株型紧凑、矮小，大豆耐阴性很强，或者光照条件好的生态区，大豆玉米共生期短，有适合的小型农机具等，可适当缩小每个生产单元的宽度至 2.0 米；若光照条件相对较差，玉米品种株型偏松散，大豆品种耐阴性偏弱，或收割机整机宽度在 2.4~2.6 米，最大宽度可达到 2.8~3.0 米，但不能超过 3.0 米。

行比和行距配合，决定着两个作物各自的带宽，关系着大豆玉米的和谐生长、产量和品质。两个作物的行数要根据高位作物的边际效应和低位作物的受光状况来确定。高位作物玉米表现为边际优势，仅从作物边际优势看，玉米带种 2 行最佳，行行具有边际优势，综合考虑农机配套、播种出苗、大豆玉米单产等因素，2~4 行玉米在实践中都可行。大豆为低位作物，受高位作物荫蔽，受光条件好坏决定了大豆产量高低，为了减小玉米对大豆的荫蔽影响，一是适度增加大豆行数，行数范围为 2~6 行，根据各生态区气候条件、带状复合种植类型、机具大小选择大豆适宜行数；二是缩小玉米带行距，高秆作物玉米行距 40~60 厘米的产量差异不显著，为减少对大豆遮阴选择下限，以 40 厘米为宜，矮秆作物大豆适度小于单作行距，一般为 20~40 厘米。

玉米带与大豆带间距大小影响两个作物枝叶根系相互交叉状况，决定着两个作物对光、肥、水竞争的激烈程度；距离过大减少作物的种植行数，浪费土地，大豆对玉米地下根系养分吸收的补偿效应不能实现；距离过小则加剧作物间地上部竞争矛盾，低位作物大豆光照条件差，严重影响大豆的生长发育和产量，也不利于机具作业和农事操作。长期研究和应用表明，玉米带与大豆带间距以 60~70 厘米为佳，既有利于大豆生长，又利于机械作业，一般不因其他因素而变化。生产中，一般容易造成间距过小，不会过大。大豆带之间的距离决定着玉米对大豆带边行的荫蔽影响和玉米播收机具的通过性。长期研究和应用表明，2 行玉米时，大豆带之间距离以 1.6 米最宜，一般不受环境和品种等的影响而变化。调整玉米带之间距离是协调大豆玉米关系、适应气候环境和品种特性、保证大豆玉米协调双高产的有效办法，是可变因素，根据大豆的行数，其变幅为 1.6~2.9 米，如光照条件好，玉米品种株型紧凑，大豆品种耐阴性强，收割机宽度在 1.5 米左右，玉米带之间距离可适度缩小至 1.6 米；相反，玉米带之间距离可适度扩大，收割机宽度在 2.4 米左右，玉米带之间距离可扩至 2.6 米。

三、区域带宽、行比和带间距推荐

在 2.0~3.0 米生产单元里按玉米大豆 2:(2~6) 行比配置（图 2-2），玉米保持 2 行，行行具有边际优势，确保玉米产量；扩间距是本技术的核心之一，各生态区玉米和大豆间距都应扩至 60~70 厘米可协调地上地下竞争与互补关系；高位作物玉米的行距均保持在 40 厘米为宜，大于 40 厘米密度减小且对大豆生长不利；大豆的行距以 20~40 厘米为宜。各生态区、不同模式类型在选择适宜的田间配置参数时可根据玉米 2~4 行、大豆 2~6 行对玉米株距和大豆株行距进行调整。根据各区域多年多点试验示范结果，以春玉米夏大豆带状套作为主的西南地区和光热条件较好的西北春玉米春大豆带状间作区为例，玉米带之间距离缩至 1.8~2.0 米，此距离内种 3~4 行大豆；而黄淮海夏玉米夏大豆带状间作区适宜玉米带之间距离可扩至 2.0~2.6 米，此距离内种 4~6 行大豆；青贮大豆玉米带状复合种植在适宜的玉米带间距下可适当缩小，而鲜食可适当扩大。

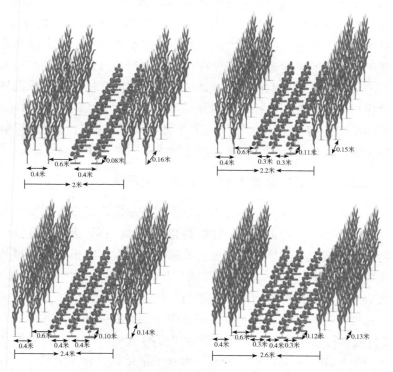

图 2-2　玉米大豆 2 : (2~6) 行比配置参数示意图

注：玉米密度按 4 000 株/亩，大豆按 8 000 株/亩计。

第三节　密度配置

一、种植密度

种植密度是实现间套作增产增效的关键技术，是指农作物植株之间的距离。农作物左右间的距离称行距，前后间的距离称株距。安排间套作的农作物种植密度一般遵照"高要密，矮略稀；挤中间，空两边；保主作，收次作；促互补，抑竞争"的原则。植株高的农作物，即高位农作物的种植密度要高于单作，能充分利用改善的通风透光条件，发挥密度的增产潜力，最大限度地提高产量。植株矮的农作物，即低位农作物的密度较单作略低或与单作相同。在生产上种植密度还应根据肥力、行数、株型而定。当间作的作物有主次之分时，主作物（高或矮）种植密度与单作相近，保证主作物的产量，副作物密度因水肥而定。

二、大豆玉米带状复合种植密度配置原则

提高种植密度，保证与当地单作相当是带状复合种植增产的又一中心环节。确定密度的原则是高位主体、高低协同，高位作物玉米的密度与当地单作相当，低位作物大豆密度根据两作物共生期长短不同，保持单作的 70%~100%。带状套作共生期短，大豆的密度可保持与当地单作相当，共生期超过 2 个月，大豆密度适度降至单作大豆的 80% 左右；带状间作共生期长，大豆如为2 行或 3 行密度可进一步缩至当地单作的 70%，4~6 行大豆的密度应为单作的 85% 左右。同时，大豆玉米带状复合种植两作物各自适宜密度也受到气候条件、土壤肥力水平、播种时间、品种特性等因素的影响，光照条件好、玉米株型紧凑、大豆分枝少、肥力条件好，大豆玉米的密度可适当增加，相反，需适当降低密度。

三、区域大豆玉米带状复合种植密度推荐

小株距密植确保带状复合种植玉米与单作密度相当，适度缩小株距确保大豆全田密度达到当地单作密度的 70%~100%。以 2

行玉米为例，西南地区，玉米穴距 10 ~ 14 厘米（单粒）或 20 ~ 28 厘米（双粒），播种密度 4 500 粒/亩以上；大豆穴距 7 ~ 10 厘米（单粒）或 14 ~ 20 厘米（双粒），播种密度 9 500 粒/亩以上。黄淮海地区，玉米穴距 8 ~ 11 厘米（单粒）或 16 ~ 22 厘米（双粒），播种密度 5 000 粒/亩以上；大豆穴距 7 ~ 10 厘米（单粒）或 14 ~ 20 厘米（双粒），播种密度 12 000 粒/亩以上。西北地区，玉米、大豆单粒或双粒穴播，玉米穴距 8 ~ 11 厘米（单粒）或 16 ~ 22 厘米（双粒），播种密度 5 500 粒/亩以上；大豆穴距 7 ~ 9 厘米（单粒）或 14 ~ 18 厘米（双粒），密度 13 000 粒/亩以上。

第三章 大豆玉米带状复合种植播种技术

第一节 土地整理技术

一、带状间作土地整理技术

(一) 深松耕

深松耕是指用深松铲或凿形犁等松土农具疏松土壤而不翻转土层的一种深耕方法，通常深度可达 20 厘米以上。适于经长期耕翻后形成犁底层、耕层有黏土硬盘或白浆层或土层厚而耕层薄不宜深翻的土地。主要作用：①打破犁底层、白浆层或黏土硬盘，加深耕层、熟化底土，利于作物根系深扎；②不翻土层，后茬作物能充分利用原耕层的养分，保持微生物区系，减轻对下层嫌气性微生物的抑制；③蓄水贮墒，减少地面径流；④保留残茬，减轻风蚀、水蚀。

深松耕方法：①全面深松耕，一般采用"V"形深松铲，优势在于作业后地表无沟，表层破坏不大，但对犁底层破碎效果较弱，消耗动力较大；②间隔深松耕，松一部分耕层，另一部分保持原有状态，一般采用凿式深松铲，其深松部分通气良好、接纳雨水，未松的部分紧实能提墒，利于根系生长和增强作物抗逆性。

(二) 麦茬免耕

针对西南油（麦）后和黄淮海麦后大豆玉米带状间作，前作收获后应及时抢墒播种玉米、大豆，为创造良好的土壤耕层、保墒护苗、节约农时，多采用麦（油）茬免耕直播方式。

若小麦收获机无秸秆粉碎、均匀还田的功能或功能不完善，小麦收后达不到播种要求，需要进行一系列整理工作，保证播种质量和大豆玉米的正常出苗。整理分为3种情况：①前作秸秆量大，全田覆盖达3厘米以上，留茬高度超过15厘米，秸秆长度超过10厘米，先用打捆机将秸秆打捆移出，再用灭茬机进行灭茬；②秸秆还田量不大，留茬高度超过15厘米，秸秆呈不均匀分布，需用灭茬机进行灭茬；③留茬高度低于15厘米，秸秆分布不均匀，需用机械或人工将秸秆抛撒均匀即可。整理后的标准为秸秆粉碎长度在10厘米以下，分布均匀。

生产中常常因为收获小麦时对土壤墒情掌握不当造成土壤板结，影响播种质量和玉米、大豆的生长。因此，收获前茬小麦时田间持水量应低于75%，小麦联合收割机的碾压对玉米、大豆播种无显著不良影响。但田间持水量在80%以上时，轮轧带表层土壤坚硬板结，将严重影响玉米、大豆出苗。

二、带状套作土地整理技术

（一）玉米带

西南春玉米、夏大豆带状套作区，旱地周年主要作物为玉米、小麦（油菜、马铃薯）、大豆。小麦（油菜、马铃薯）播种季常遇冬干，为保证出苗多采用抢墒免耕播种，夏播大豆为保墒也常采取免耕直播。因此玉米季需深耕细整，第二年玉米带轮作大豆带，实现2年全田深翻1次。小麦、马铃薯、蚕豆等冬季作物带状套种玉米，冬季作物播种后可对未种植的预留空行或冬季休闲地进行深耕晒土，疏松土壤，第二年玉米播种前，结合施基肥，旋耕碎土平整。若预留行种植其他作物，收获后，及时清理，深翻晒土，播前旋耕碎土。

深耕的主要工具为铧犁，有时也用圆盘犁，深耕深度一般为 20~25 厘米较为适宜。旋耕机旋耕深度为 10~12 厘米，是翻耕的补充作业，主要作用是碎土、平整。无套作前作的地块可以不受机型大小限制，若与小麦、蚕豆等冬季作物套作，需选择工作幅宽为 1.2~1.5 米的机型。

（二）大豆带

带状套作大豆一般在 6 月上中旬播种，夏季抢时，通常采用抢墒板茬（或灭茬）免耕播种。灭茬是指除去收割后遗留在地里的作物根茬杂草等。前茬为小麦，且留茬高度超过 15 厘米，在大豆播种前，利用条带灭茬机灭茬，受播幅影响，需选择工作幅宽为 1.2~1.5 米的机型。前茬为马铃薯等蔬菜作物，只需将秸秆、杂草等清除，无须进行动土作业。

第二节　播种技术

一、播种日期

（一）确定原则

1. 茬口衔接

在西南、黄淮海多熟制地区，播种时间既要考虑玉米、大豆当季作物的生长需要，还要考虑小麦、油菜等下茬作物的适宜播期，做到茬口顺利衔接和周年高产。

2. 以调避旱

西南地区夏大豆易出现季节性干旱，为使大豆播种出苗期有效避开持续夏旱影响，在有效弹性播期内适当延迟播期，并通过增密措施确保高产。

3. 迟播增温

在西北、东北等一熟制地区，带状间作玉米、大豆不覆膜时，需要在有效播期范围内根据土壤温度上升情况适当延迟播期，以确保玉米、大豆出苗后不受冻害。

4. 以豆定播

在西北、东北等低温地区，播种期需视土壤温度而定，通常5~10厘米表层土壤温度稳定在10℃以上、气温稳定在12℃以上是玉米播种的适宜时期，而大豆发芽的适宜表土温度为12~14℃，稍高于玉米。因此，西北、东北带状间作模式的播期确定应参照当地大豆最适播种时间。

5. 适墒播种

在土壤温度满足的前提下，还应根据土壤墒情适时播种。玉米、大豆播种时的适宜土壤含水量应达到田间持水量的60%~70%，即手握耕层土壤可成团，自然落地即松散。土壤含水量过高与过低均不利于出苗，黄淮海地区要在小麦收获后及时抢墒播种；如果土壤含水量较低，则需造墒播种，如西北、东北可提前浇灌，再等墒播种。此外，大豆播种后遭遇大雨后极易导致土壤板结，子叶顶土困难，西南、黄淮海夏大豆地区应在有效播期内根据当地气象预报适时播种，避开大雨危害。

（二）各生态区域的适宜播期

1. 黄淮海地区

在小麦收获后及时抢墒或造墒播种，有滴灌或喷灌的地方可适时早播，以提高夏大豆脂肪含量和产量。黄淮海地区的适宜播期在6月中下旬。

2. 西北和东北地区

根据大豆播期来确定大豆玉米带状间作的适宜播期，西北地区在5厘米地温稳定在10~12℃（东北地区为7~8℃）时开始播种，播期范围为4月下旬至5月上旬。大豆早熟品种可稍晚播，晚熟品种宜早播；土壤墒情好可晚播，墒情差应抢墒播种。

3. 西南地区

大豆玉米带状套作区域，玉米在当地适宜播期的基础上结合覆膜技术适时早播，争取早收，以缩短玉米、大豆共生时间，减轻对大豆的荫蔽影响，最适播种时间为3月下旬至4月上旬；大豆以播种出苗避开夏旱为宜，可适时晚播，最适播种期为6月上中旬。大豆玉米带状间作区域，则根据当地春播和夏播的常年播种时间来确定，春播时玉米在4月上中旬播种、大豆同时播或稍晚，夏播时玉米在5月下旬至6月上旬播种、大豆同时播或稍晚。

二、种子处理

生产中玉米种子都已包衣，但大豆种子多数未包衣，播前应对种子进行拌种或包衣处理。

1. 种衣剂拌种

选择大豆专用种衣剂，如6.25%咯菌腈·精甲霜灵悬浮种衣剂，或用20.5%多菌灵·福美双·甲维盐悬浮种衣剂，或用11%苯醚·精甲·吡唑等。根据药剂使用说明确定使用量，药剂不宜加水稀释，使用拌种机或人工方式进行拌种。种衣剂拌种时也可根据当地微肥缺失情况，协同微肥拌种，每千克大豆种子用硫酸锌4~6克、硼砂2~3克、硫酸锰4~8克，加少许水（硫酸锰可用温水溶解）将其溶解，用喷雾器将溶液喷洒在种子上，边喷边搅拌，拌好后将种子置于阴凉干燥处，晾干后播种。

2. 根瘤菌接种

液体菌剂可以直接拌种，每千克种子一般加入菌剂量为5毫升左右；粉状菌剂需根据使用说明加水调成糊状，用水量不宜过大，应在阴凉地方拌种，避免阳光直射杀死根瘤菌。拌好的种子应放在阴凉处晾干，待种子表皮晾干后方可播种，拌好的种子放置时间不要超过 24 小时。用根瘤菌拌种后，不可再拌杀菌剂和杀虫剂。

三、播种机具的选择

（一）播种方式及机具的选择

1. 同机播种机型和机具参数选择

西南、西北地区大豆玉米带状间作同机播种施肥作业时可选用 2BF-4、2BF-5、2BF-6 型大豆玉米带状间作精量播种施肥机，其整机结构主要由机架、驱动装置、肥料箱、玉米株（穴）距调节装置、大豆株（穴）距调节装置、玉米播种单体和大豆播种单体组成。驱动装置和播种单体安装于机架后梁上，中部 2~4 个单体为大豆播种单体，两侧单体为玉米播种单体，肥料箱安装于机架正上方。若选用当地大豆玉米播种施肥机，技术参数应达到表 3-1 的要求。

表 3-1 玉米大豆行比 2：（2~4） 带状间作播种施肥机技术参数

类别	参数
结构	仿形播种单体结构
配套动力（千瓦）	>38
播幅（毫米）	1 600~2 000
带间距（毫米）	600
玉米行距（毫米）	400
大豆行距（毫米）	300
玉米株距（毫米）	100×120×140
大豆株距（毫米）	80×100×120

黄淮海大豆玉米带状间作同机播种施肥作业可选用 2BMFJ-6

型大豆玉米免耕覆秸精量播种施肥机。免耕覆秸精量播种施肥机可在作物（小麦、大豆、玉米）收割后的原茬地上直接完成播种施肥全过程。该机集种床整备、侧深施肥、精量播种、覆土镇压、喷施封闭除草剂和秸秆均匀覆盖等功能于一体。若选用当地大豆玉米播种施肥机，技术参数应达到表 3-2 的要求。

表 3-2　玉米大豆行比 2∶（4~6）带状间作播种施肥机技术参数

类别	参数
结构	仿形播种单体结构
配套动力（千瓦）	>100
播幅（毫米）	2 000~2 400
带间距（毫米）	600~700
玉米行距（毫米）	400
大豆行距（毫米）	200~300
玉米株距（毫米）	80×100×120
大豆株距（毫米）	80×100×120

2. 异机播种机型和机具参数选择

大豆玉米带状套作需要先播种玉米，在玉米大喇叭口期至抽雄期再播种大豆，采用异机播种方式。可选用玉米、大豆带状套作播种施肥机，也可通过更换播种盘，增减播种单体，实现大豆玉米播种用同一款机型。

玉米播种机主要由 2 个玉米播种单体、种箱、肥箱、仿形装置、驱动轮、实心镇压轮等组成，而大豆播种机主要由 3 个大豆播种单体、种箱、肥箱、仿形装置、驱动轮、镇压轮等组成。受播种时播幅、行株距及镇压力大小等因素影响，选择机具时应符合表 3-3 的各项参数。大豆玉米带状间作可用生产上常规播种机械分别播种玉米和大豆。

表3-3　玉米、大豆播种机技术参数

类别	参数	
型号	玉米播种机（2行）	大豆播种机（3行）
结构	仿形播种单体结构	仿形播种单体结构
配套动力（千瓦）	≤20	≤30
播种机总宽（毫米）	≤1 200	≤1 600
行距（毫米）	400	300
穴距（毫米）	100×120×140	80×100×120
镇压轮（毫米）	实心轮	空心轮

（二）播前调适技术

1. 播前机具检查与单体位置调整

先检查和拧紧机具紧固螺栓，按照农艺技术要求，同机播种施肥机要调整好玉米播种单体与大豆播种单体的距离（间距）、2~6个大豆播种单体间距离（大豆行距）及玉米（大豆）播种单体与施肥单体之间距离，异机播种施肥机只需调整好播种单体之间及播种单体与施肥单体之间的水平距离；为防止种肥烧种烧苗，通常要求两个开沟器水平错开距离不少于10厘米；检查排种器放种口盖是否关闭严密，可以通过调整箱扣搭接螺钉长度消除缝隙，防止漏种。

2. 播种施肥机左右水平调整

播种施肥机的水平调整实质就是保证每个播种单体开沟深度一致，不出现左右倾斜晃动现象。一般调整方式是通过拖拉机的三点悬挂将播种施肥机挂接好，然后调整拖拉机提升杆的长度实现机具水平。判断播种机是否处于水平位置通常是通过液压系统将播种机降下，使开沟器尖贴近于水平地表，测量两侧的开沟器尖离地高度是否一致。

若机具左高右低时，可伸长左侧提升杆或缩短右侧提升杆；若机具右高左低时，可伸长右侧提升杆或缩短左侧提升杆；若机具向左侧倾斜时，可延长左侧连接杆或缩短右侧连接杆，再用螺栓锁住左右两侧连接杆的销孔；若机具向右侧倾斜时，可延长右侧连接杆或缩短左侧连接杆，再用螺栓锁住左右两侧连接杆的销孔；若机具晃动，则调节左右下拉杆中间的可调拉杆。

3. 播种施肥机前后水平调整

调整播种施肥机前后水平高度的实质就是保证机具在工作时不会出现"扎头"现象，保证机具处于良好的工作状态。通常厂家为方便机手检查机具前后位置水平状态，会在肥箱外侧面安装一重力调平指针，若重力调平上下指尖未对齐，则机具的前后不在一个水平位置。

通常采用调整拖拉机的上拉杆实现机具的前后水平一致。在调节时需要将机具放置在水平地面上，然后松开上拉杆两端的锁紧螺母，再通过旋转延长或缩短上拉杆，如果播种机处于前倾后仰位置则采用延长上拉杆方法调整，后倾前仰则缩短上拉杆。调整好上拉杆后应将拉杆两头的螺母锁紧。

4. 播种施肥深度调整

播种施肥机作业前，必须进行施肥与播种深度的调整。调整前可先试播一定的距离，扒开播种带与施肥带的土壤，测量种子与种肥的深度。

调整施肥深度，首先，拧松施肥开沟器的锁紧螺母，通过上移或下移施肥开沟器，改变开沟器与机架的相对位置，来实现施肥深度的调整。调整完毕后，锁紧开沟器的锁紧螺母。一般施肥深度在 10~15 厘米即可。

在调节播种深度时，主要通过播深调节机构改变限深轮与播种开沟器的垂直距离。通常播种施肥机播种深度调节装置有两种。一种是在播种单体的开沟器两边增设限深轮，拧松限深轮锁紧螺母，通过上移或下移限深轮来调整限深轮与开沟器之间垂直距离从而改变播种深度，调整完毕后，拧紧锁紧螺母即可。通常玉米播深为 5~7 厘米，大豆播深 3~5 厘米。另一种是镇压轮兼作限深轮，该结构在调整播深时，首先松开镇压轮锁紧螺钉，然后通过转动镇压轮的调深手柄就可以实现调节，通常顺时针转动时，镇压限深轮向下移动，播种深度减小，反则播深加大。还有一种播深调节就是参考播种单体后下方的深度标尺进行调试，调试好之后再拧紧锁紧螺钉固定好手柄即可。

5. 排种量的调整

穴距的调整。穴距调整一般是通过调整变速箱挡位实现，在变速箱内设置了多个不同穴距的挡位，机手在调节时可按照播种穴距要求，通过变速箱上操作杆选择挡位即可。

播量调整。例如，勺轮式排种器，排种隔板左上方设有一缺口，这个缺口就是排种器上的递种口。调节隔板的位置，就可调整播种量。递种口越高，播种量越小；递种口越低，播种量越大。

除此之外，可通过调整定位槽的位置来调整播量，隔板离定位槽越左，则播种量越大；隔板离定位槽越右，则播种量越小。

6. 施肥量调整

通过转动施肥量调节手轮实现排肥器水平移动，从而改变播种机的施肥量，调节时施肥量指针随着排肥器同步移动。当手轮顺时针旋转时，指针从"1"向"6"方向移动，施肥量增加。

施肥量的检查和调整具体方法为：利用拖拉机液压举升装置将播种机升起到地轮离开地面的位置，采用塑料口袋收集从排肥口排出的肥料，用手转动地轮 1 周，采集其中一个排肥盒排出的化肥，称出重量除以地轮的周长即为排肥器单位长度的施肥量

（千克/米）。如果测出的每亩施肥量不合适，则重新调整，反复几次达到合适为止。

（三）机播作业注意事项

播种过程中要保证机具匀速直线前行；转弯过程中应将播种机提升，防止开沟器出现堵塞；行走播种期间，严禁拖拉机急转弯或者带着入土的开沟器倒退，避免造成播种施肥机不必要的损害。

在播种过程中必须对田间播种的效果进行定期检查。随机抽取 3~5 个点进行漏播和重播检测以及播深检查，看其是否达到规定的播种要求。通过指定一定距离的行数计测，检查播种行距是否符合规定要求，相邻作业单元间隔之间的行距误差是否满足规定要求，并检查播种的直线程度。

播种机在使用的过程中应密切观察机器的运转情况，发现异常及时停车检查。当种子和肥料的可用量少于容积的 1/3 时，应及时添加种子和化肥，避免播种机空转造成漏播现象。

转弯时两个生产单元连接处切忌宽。玉米窄行距应控制在 40 厘米以内；大豆带中的连接行距应控制在 40 厘米以内。

第四章 大豆玉米带状复合种植施肥技术

第一节 需肥特点

一、大豆需肥特点

（一）大豆生长所需的营养元素

营养元素是大豆生长发育和产量形成的物质基础。据测算，大豆对各种营养元素的需要量如下：150 千克大豆需氮素 10 千克，五氧化二磷 2 千克，氧化钾 4 千克。大豆需肥量比禾谷类作物多，尤其是需氮量较多，大约是玉米的 2 倍，是水稻、小麦的1.5~2 倍。此外，大豆还要吸收少量钙、镁、铁、硫、锰、锌、铜、硼、钼等中微量元素。大豆对这些元素吸收量虽然不多，但不可缺少，不能替代。大豆植株对营养的吸收和积累也不同于禾谷类作物。禾谷类作物到开花期，对氮、磷的吸收已近结束；而大豆到开花期吸收氮、磷、钾的量只占总量的 1/4 ~ 1/3。大豆进入现蕾开花后的生殖生长期，叶片和茎秆中氮素浓度不但不下降反而上升。大豆开花结荚期养分的积累速度最快，干物质积累量占全量的 2/3 ~ 3/4。

1. 大豆对氮肥的吸收

大豆除了吸收利用根瘤菌固定的生物氮外，还需从土壤中吸收铵态氮和硝态氮等无机氮。生物氮与无机氮对大豆生长所起的作用不同，难以相互替代。生物氮促进大豆均衡的营养生长和生殖生长，无机氮则以促进营养生长为主。因此，必须根据大豆各生长发育时期对氮的吸收特点及固氮性能变化，合理施用无机氮肥。生育早期，大豆幼苗对土壤中的氮素吸收较少，根瘤菌固氮量低。开花期，大豆对氮的吸收达到高峰，且由开花到结荚鼓粒期，根瘤菌固氮量亦达到高峰，因此，该期所需大量氮素主要由生物氮提供。以后，根瘤菌固氮能力逐渐下降。种子发育期，大量氮素不断从植株的其他部分积累到种子内，需吸收大量氮素，而此时，根瘤菌固氮能力已衰退，就需从土壤中吸收氮素和叶面施氮予以补充。

2. 大豆对磷肥的吸收

大豆各生长发育时期对磷的吸收量不同。从出苗到初花期，吸收量占总吸收量的15%左右；开花至结荚期占65%；结荚至鼓粒期占20%左右；鼓粒至成熟对磷吸收很少。大豆生育前期，吸磷不多，但对磷素敏感。此期缺磷，营养生长受到抑制，植株矮化，并延迟生殖生长，开花期花量减少，即使后期得到补给，也很难恢复，直接影响产量。磷对大豆根瘤菌的共生固氮作用十分重要，施氮配合施磷能达到以磷促氮的效果。供以磷肥，可促进根系生长，增加根瘤，增强固氮能力，协调施氮促进苗期生长与抑制根瘤生长间的矛盾。不仅在幼苗期施磷有以磷促氮的作用，在花期，磷、氮配合施用也可以磷来促进根瘤菌固氮，增加花量。既能促进营养生长，又有利于生殖生长，以磷的增花、氮的增粒来共同达到加速花、荚、粒的协调发育。施用磷肥时应注意考虑下列方面：一是保证苗期磷素供应，尽量用作基肥或种肥；二是开花到结荚期吸收量大增，可适量追施；三是施磷与施氮配合。根据土壤中氮、磷原有状况，一般采用氮磷比为 1 : 2、1 : 2.5和1 : 3等配比。

3. 大豆对钾、钙的吸收

大豆植株含钾量很高。大豆对钾的吸收主要在幼苗期至开花结荚期，生长后期植株茎叶的钾则迅速向荚、粒中转移。钾在大豆的幼苗期可加速营养生长。苗期，大豆吸钾量多于氮、磷量；开花结荚期吸钾速度加快，结荚后期达到顶峰；鼓粒期吸收速度降低。钙在大豆植株中含量较多，是常量元素和灰分元素。钙主要存在于老龄叶片之中。但是过多的钙会影响钾和镁的吸收。在酸性土壤中，钙可调节土壤酸碱度，有利于大豆生长和根瘤菌的繁殖。

4. 大豆对微量元素的吸收

大豆的微量元素主要有钼、硼、锌、锰、铁、铜等。这些元素在植株体内含量虽少，但当缺乏某种微量元素时，生长发育就会受抑制，导致减产和品质下降，严重的甚至无收。因而，只有合理施用微量元素才能达到提高产量、改善品质的目的。大豆对钼的需要量是其他作物的 100 倍。钼是大豆根瘤菌固氮酶不可缺少的元素。施钼能促进大豆种子萌发，提前开花、结荚和成熟，提高产量因素（荚数、荚粒数、粒重）和品质，一般可增产 5%~10%。

（二）大豆缺肥症状

大豆在生育期中由于某一营养元素的缺乏，即会出现不正常的形态和颜色。可以根据大豆的缺肥症状，判断某一营养元素的缺乏后积极加以补救。

1. 缺氮症状

先是真叶发黄，严重时从下向上黄化，直至顶部新叶。在复叶上沿叶脉有平行的连续或不连续铁色斑块，褪绿从叶尖向基部扩展，乃至全叶呈浅黄色，叶脉也失绿。叶小而薄，易脱落，茎细长。

2. 缺磷症状

根瘤少，茎细长，植株下部叶色深绿，叶厚，凹凸不平，狭长。缺磷严重时，大豆缺素症表现为叶脉黄褐，后全叶呈黄色。

3. 缺钾症状

叶片黄化，症状从下位叶向上位叶发展。叶缘开始产生失绿斑点，扩大成块，斑块相连，向叶中心蔓延，后仅叶脉周围呈绿色。黄化叶难以恢复，叶薄，易脱落。缺钾严重的植株只能发育至结荚期。根短、根瘤少。植株瘦弱。

4. 缺钙症状

叶黄化并有棕色小点。先从叶中部和叶尖开始，叶缘、叶脉仍为绿色。叶缘下垂、扭曲，叶小、狭长，叶端呈尖钩状。缺钙严重时顶芽枯死，上部叶腋中长出新叶，不久也变黄。延迟成熟。

5. 缺镁症状

在三叶期即可显症，多发生在植株下部。叶小，叶有灰条斑，斑块外围色深。有的病叶反张、上卷，有时皱叶部位同时出现橙、绿两色相嵌斑或网状叶脉分割的橘红斑；个别中部叶脉红褐色，成熟时变黑。叶缘、叶脉平整光滑。

6. 缺硫症状

叶脉、叶肉均生米黄色大斑块，染病叶易脱落，迟熟。

7. 缺铁症状

叶柄、茎黄色，比缺铜时的黄色要深。植株顶部功能叶中出现，分枝上的嫩叶也易发病。一般仅见主、支脉，叶尖为浅绿色。

8. 缺硼症状

4片复叶后开始发病，花期进入盛发期。新叶失绿，叶肉出现浓淡相间斑块，上位叶较下位叶色淡，叶小、厚、脆。缺硼严重时，顶部新叶皱缩或扭曲，上、下反张，个别呈筒状，有时叶背局部现红褐色。蕾期发育受阻停滞，迟熟。主根短、根颈部膨大，根瘤小而少。

9. 缺锰症状

上位叶失绿，叶两侧生橘红色斑，斑中有 1~3 个针孔大小的暗红色点，后沿脉呈均匀分布、大小一致的褐点，形如蝌蚪状。后期，新叶叶脉两侧着生针孔大小的黑点，新叶卷成荷花状，全叶色黄，黑点消失，叶脱落。严重时顶芽枯死，迟熟。

10. 缺铜症状

植株上部复叶的叶脉绿色，余浅黄色，有时生较大的白斑。新叶小、丛生。缺铜严重时，在叶两侧、叶尖等处有不成片或成片的黄斑，斑块部位易卷曲呈筒状，植株矮小，严重时不能结实。

11. 缺锌症状

下位叶有失绿特征或有枯斑，叶狭长，扭曲，叶色较浅。植株纤细，迟熟。

12. 缺钼症状

上位叶色浅，主、支脉色更浅。支脉间出现连片的黄斑，叶尖易失绿，后黄斑颜色加深至浅棕色。有的叶片凹凸不平且扭曲。有的主叶脉中央现白色线状。

二、玉米需肥特点

（一）玉米生长所需的营养元素

玉米植株高大，是高产作物。玉米生长所需要的营养元素有20 多种，其中必需的大量元素有碳、氢、氧、氮、磷、钾 6 种；中量元素有钙、镁、硫 3 种；微量元素有铁、锰、铜、锌、硼、钼、氯 7 种。玉米对氮、磷、钾的吸收数量受土壤、肥料、气候及种植方式的影响，有较大变化。试验结果表明，每生产 100 千克的籽粒，春玉米需要吸收纯氮 2.9~3.1 千克、纯磷 1.35~1.65 千克、纯钾 2.52~3.27 千克，春玉米氮、磷、钾吸收比例大致为 1：0.5：1。在不同的生育阶段，玉米对氮磷钾的吸收量是不同的。从元素敏感性来说，玉米苗期对磷肥特别敏感，拔节前后对钾肥敏感，抽雄前对氮肥敏感。从吸收量来看，对氮、磷、钾三要素的吸收量都表现出苗期少、拔节期显著增加、孕穗到抽穗期达到最高峰的需肥特点。从需求强度分析，玉米氮磷吸收的最大强度时期出现在小喇叭口至抽雄期；钾吸收的最大时期出现在大喇叭口至抽雄期。

1. 氮的生理作用

氮是玉米进行生命活动所必需的重要元素，对玉米植株的生长发育影响最大。玉米植株营养器官的建成和生殖器官的发育是蛋白质代谢的结果，没有氮素玉米就不能进行正常的生命活动；氮又是构成酶的重要成分，酶参加许多生理生化反应；氮还是形成叶绿素的必需成分之一，而叶绿素则是叶片制造"粮食"的工厂；构成细胞的重要物质核酸、磷脂以及某些激素也含有氮，植株体内一些维生素和生物碱缺少了氮也不能合成。

2. 磷的生理作用

磷是细胞的重要成分之一，磷进入根系后很快转化成磷脂、核酸和某些辅酶等，对根尖细胞的分裂生长和幼嫩细胞的增殖有显著的促进作用，有助于苗期根系的生长。磷还可以提高细胞原生质的黏滞性、耐热性和保水能力，降低玉米在高温下的蒸腾温度，从而可以增加玉米的耐旱能力。磷素直接参与糖、蛋白质和脂肪的代谢，对玉米生长发育和各种生理过程均有促进作用。因此，提供充足的磷不仅能促进幼苗生长，并能增加后期的籽粒数，在玉米生长的中、后期，磷还能促进茎、叶中糖和淀粉的合成及糖向籽粒中的转移，从而增加千粒重，提高产量，改善品质。

3. 钾的生理作用

钾在玉米植株中完全呈离子状态，不参与任何有机化合物的组成，但钾几乎在玉米的每个重要生理过程中都起作用。钾主要集中在玉米植株最活跃的部位，对多种酶起活化剂的作用，可激活呼吸作用过程中的果糖磷酸激酶、丙酮酸磷酸激酶等，因此，钾能促进呼吸作用。

钾能促进玉米植株糖的合成和转化。钾素充足有利于单糖合成更多的蔗糖、淀粉、纤维素和木质素，使茎秆机械组织发育良好，厚角组织发达，增强植株的抗倒伏能力。钾能促进核酸和蛋白质的合成，可以调节气孔的开闭，减少水分散失，提高水分利用率，增强玉米的耐旱能力。

4. 钙的生理功能

钙是细胞壁的结构成分，钙能促进细胞分裂和分生组织生长，新细胞形成需要充足的钙。钙影响玉米体内氮的代谢，能提高线粒体的蛋白质含量，能活化硝酸还原酶，促进硝态氮的还原和吸收，对稳定生物膜的渗透性起重要作用。钙能提高玉米耐旱性、幼苗的抗盐性。

5. 镁的生理功能

镁是叶绿素的构成元素，与光合作用直接有关。缺镁则叶绿素含量较少，叶片褪绿。镁是许多酶的活化剂，有利于玉米体内的磷酸化、氨基化等代谢反应。镁能促进脂肪的合成，高油玉米需要更充分的镁素供应。镁参与氮的代谢，促进磷的吸收、运转和同化，提高磷肥的效果。

6. 硫的生理功能

硫是蛋白质和酶的组成元素。供硫不足会影响蛋白质的合成，导致非蛋白质氮积累，影响玉米生长发育。

7. 锌的生理功能

锌是玉米体内多种酶的组成成分，参与一系列的生理过程。无氧呼吸中乙醇脱氧酶需要锌激活，因而充足的锌对玉米植株耐涝性有一定作用。锌参与玉米体内生长素的形成，缺锌生长素含量低，细胞壁不能伸长而使植株节间缩短，生长减慢，植株矮化，生长期延长。

8. 锰的生理功能

锰在酶系统中的作用是一个激活剂，直接参与水的光解，促进糖类的同化和叶绿素的形成，影响光合作用。锰还参与硝态氮的还原氨的作用，与氮素代谢有密切关系。锰在植株体内运转速度很慢，一旦输送到某一部位，就不可能再转送到新的生长区域。因此，缺锰时症状首先出现在新叶上。

9. 铜的生理功能

铜是玉米体内多种酶的组成成分，参与许多主要的代谢过程。铜与叶绿素形成有关，叶绿体中含有较多的铜。缺铜时叶片易失绿变黄。铜还参与蛋白质和糖类代谢。

10. 钼的生理功能

钼是硝酸还原酶的组成成分，能促进硝态氮的同化作用，使玉米吸收的硝态氮还原成氨，缺钼时这一过程受到抑制。钼被认为是植株中过量铜、硼、镍、锰和锌的解毒剂。

11. 铁的生理功能

铁是叶绿素的组成成分，玉米叶子中95%的铁存在于叶绿体中。铁不是叶绿素的成分，但参与叶绿素的形成，是光合作用不可缺少的元素。铁还是细胞色素氧化酶、过氧化酶和过氧化氢酶的成分，与呼吸作用有关。铁影响玉米的氮代谢，增加玉米新叶中硝酸还原酶的活性和水溶性蛋白质的含量。

（二）玉米缺肥症状

1. 缺氮症状

玉米缺氮时，幼苗瘦弱。叶片呈黄绿色，植株矮小。氮是可移动元素，所以叶片发黄从植株下部的老叶片开始，首先叶尖发黄，逐渐沿中脉扩展呈楔形，叶片中部较边缘部分先褪绿变黄，叶脉略带红色。当整个叶片都褪绿变黄后，叶鞘将变成红色，不久整个叶片变成黄褐色而枯死。植株中部叶片呈淡绿色，上部细嫩叶片仍呈绿色。如果玉米生长后期仍不能吸收到足够的氮，其抽穗期将延迟，雌穗不能正常发育，导致严重减产。

2. 缺磷症状

玉米缺磷，最突出的特征是幼苗期叶尖和叶缘呈紫红色，其余部分呈绿色或灰绿色。叶片无光泽，茎秆细弱。随着植株生长，紫红色会逐渐消失，下部叶片变成黄色。还有的杂交种就是在缺磷的情况下，其幼苗也不表现紫红色症状，但缺磷植株明显低于正常植株。诊断时，要结合品种特性。玉米缺磷还会影响授粉与灌浆，导致果穗短小、弯曲、严重秃尖，籽粒排列不整齐、瘪粒多、成熟慢。

3. 缺钾症状

玉米缺钾时，幼叶呈黄色或黄绿色。植株生长缓慢，节间变短，矮小瘦弱，支撑根减少，抗逆性减弱，容易遭受病虫害侵袭。缺钾的玉米植株，下部老叶叶尖黄化，叶缘焦枯，并逐渐向整个叶片的脉间区扩展，沿叶脉产生棕色条纹，并逐渐坏死，但上部叶片仍保持绿色，在成熟期容易倒伏。在缺钾地块过量施用氮肥会加重植株倒伏，果穗发育不良或出现秃尖，籽粒瘪小，产量降低。天气干旱或土壤速效钾和缓效钾含量长期较低，容易导致玉米缺钾。

4. 缺钙症状

玉米缺钙的最明显症状是叶片的叶尖相互粘连，叶不能正常伸展。这是由叶片叶尖部分产生的胶质类物质造成的。新叶顶端不易展开，有时卷曲呈鞭状，老叶尖部常焦枯呈棕色。叶缘黄化，有时呈白色锯齿状不规则破裂。植株明显矮化。

5. 缺镁症状

玉米缺镁时多在基部的老叶上先表现症状，叶脉间出现淡黄色条纹，后变为白色，但叶脉一直呈绿色。随着时间延长，白色条纹逐渐干枯，形成枯斑，老叶呈紫红色。严重缺镁时，叶尖、叶缘黄化枯死，甚至整个叶片变黄。氮、磷、钾肥施用过量或湿润地区的砂质土壤容易导致玉米缺镁。

6. 缺硫症状

玉米缺硫时的典型症状是幼叶失绿。苗期缺硫时，新叶先黄化，随后茎和叶变红。缺硫时新叶呈均一的黄色，有时叶尖、叶基部保持浅绿色，老叶基部发红。缺硫植株矮小瘦弱、茎细而僵直。玉米缺硫的症状与缺氮症状相似，但缺氮是在老叶上首先表现症状，而缺硫却是首先在嫩叶上表现症状，因为硫在玉米体内是不易移动的。

7. 缺锌症状

玉米缺锌症状分早期和后期两个阶段。玉米幼苗期缺锌（出苗后 10 天左右），新生叶的叶脉间失绿，呈淡黄色或白色，叶片基部 2/3 处尤为明显，故称"白苗病"；叶鞘呈紫色，幼苗基部变粗，植株变矮。玉米中后期缺锌，表现叶脉间失绿，形成淡黄色和淡绿色相间条纹，严重时叶上出现棕褐色坏死斑，使抽雄、吐丝延迟，果穗秃顶或缺粒。

8. 缺锰的症状

锰在植株体内运转速度很慢，一旦输送到某一部位，就不可能再传送到新的生长中心。因此，缺锰时，缺素症状首先出现在新叶上。缺锰现象多发生在 pH 值>6.5 的石灰性土壤或施石灰过多的酸性土壤中。

玉米缺锰，幼叶叶脉间组织逐渐变黄，叶脉及其附近部分叶肉组织仍保持绿色，因而形成黄绿相间的条纹，且叶片弯曲下披。严重时，叶子出现白色条纹，中央变成棕色，进而枯死脱落。

9. 缺铜症状

铜在植株体内以络合态存在，不易移动，玉米缺铜时，最先出现在最嫩叶片上，叶片刚长出就黄化。严重缺铜，植株矮小，嫩叶缺绿，老叶像缺钾一样出现边缘坏死，茎秆易弯曲。

10. 缺钼症状

玉米种子播在缺钼土壤上，种子萌发慢，有的幼苗扭曲，在生长早期就可能死亡。植株缺钼，生长缓慢且矮小，叶尖干枯，叶片上出现黄褐色斑纹，老叶片叶脉间肿大，并向下卷曲，失绿变黄，类似缺氮，边缘焦枯向内卷曲。

11. 缺铁症状

玉米缺铁时，幼叶失绿黄化，中下部叶片出现黄绿相间的条纹。严重缺铁，叶脉变黄，叶片变白，植株严重矮化。玉米缺铁现象比较少见，只有在土壤紧实、潮湿、通气差、pH 值高或气候较冷的条件下才可能出现。

第二节　施肥原则和施肥量

一、施肥原则

根据大豆玉米带状复合种植系统的肥料施用必须坚持"减

量、协同、高效、环保"的总方针。减量体现在减少氮肥用量、保证磷钾肥用量,减少大豆用氮量、保证玉米用氮量;协同则要求肥料施用过程中将玉米、大豆统筹考虑,相对单作不单独增加施肥作业环节和工作量,实现一体化施肥;高效与环保要求肥料产品及施肥工具必须确保高效利用,降低氮、磷损失。在此指导下,根据大豆玉米带状复合种植的作物需肥特点及共生特性,施肥时遵守"一施两用、前施后用、生(物肥)化(肥)结合"的原则。

1. 一施两用

在满足主要作物玉米需肥时兼顾大豆氮、磷、钾需要,实现一次施肥,玉米、大豆共同享用。

2. 前施后用

为减少施肥次数,有条件的地方尽量选用缓释肥或控释肥,实现底(种)追合一,前施后用。

3. 生(物肥)化(肥)结合

大豆玉米带状复合种植的优势之一就是利用根瘤固氮。大豆结瘤过程中需要一定数量的"起爆氮",但土壤氮素过高又会抑制结瘤。因此,施肥时既要根据玉米需氮量施足化肥,又要根据当地土壤根瘤菌存活情况对大豆进行根瘤菌接种,或施用生物(菌)肥,以增强大豆的结瘤固氮能力。

二、施肥量的计算

为充分发挥大豆的固氮能力,提高作物的肥料利用率,大豆玉米带状复合种植亩施氮量比单作玉米、单作大豆的总施氮量可降低4千克,须保证玉米单株施氮量与单作相同。

大豆玉米带状间作区的玉米选用高氮缓控释肥,每亩施用 $50\sim65$ 千克(折合纯氮 $14\sim18$ 千克/亩,如 $N-P_2O_5-K_2O=28-$

8-6)，大豆选用低氮缓控释肥，每亩施用 15~20 千克（折合纯氮 2.0~3.0 千克/亩，如 $N-P_2O_5-K_2O = 14-15-14$）。

大豆玉米带状套作区播种玉米时每亩施 20~25 千克玉米专用复合肥（$N-P_2O_5-K_2O = 28-8-6$）；玉米大喇叭口期结合机播大豆，距离玉米行 20~25 厘米处每亩追施复合肥 40~50 千克（折合纯氮 6~7 千克/亩，如 $N-P_2O_5-K_2O = 14-15-14$），实现大豆玉米肥料共用。

第三节　施肥的方式

一、氮磷钾的施肥方式

带状复合种植下的玉米、大豆氮磷钾施肥需统筹考虑，不按传统单作施肥习惯，且需结合播种施肥机一次性完成播种施肥作业，根据各生态区气候土壤与生产特性差异，可采用以下几种施肥方式。

（一）一次性施肥方式

黄淮海、西北及西南大豆玉米带状间作地区可采用一次性施肥方式，在播种时以种肥形式全部施入，肥料以玉米、大豆专用缓释肥或复合肥为主，如玉米专用复合肥或控释肥（如 $N-P_2O_5-K_2O = 28-8-6$），每亩 50~70 千克；大豆专用复合肥（如 $N-P_2O_5-K_2O = 14-15-14$），每亩 15~20 千克。利用 2BYSF-5（6）型大豆玉米间作播种施肥机一次性完成播种施肥作业，玉米施肥器位于玉米带两侧 15~20 厘米开沟、大豆施肥器则在大豆带内行间开沟，各施肥单体下肥量参照表 4-1。

表 4-1　玉米种肥施肥单体下肥量及计算方法速查表

单位：千克/10 米

复合肥含氮百分率（%）	全田平均行距（厘米）								
	100	105	110	115	120	125	130	135	140
20	0.90	0.94	0.99	1.03	1.08	1.12	1.17	1.21	1.26
21	0.85	0.90	0.94	0.98	1.03	1.07	1.11	1.15	1.20
22	0.81	0.85	0.89	0.93	0.97	1.01	1.05	1.09	1.13
23	0.78	0.82	0.86	0.90	0.94	0.97	1.01	1.05	1.09
24	0.75	0.79	0.82	0.86	0.90	0.94	0.97	1.01	1.05
25	0.72	0.76	0.79	0.83	0.86	0.90	0.94	0.97	1.01
26	0.69	0.72	0.76	0.79	0.83	0.86	0.90	0.93	0.97
27	0.66	0.69	0.73	0.76	0.79	0.82	0.86	0.89	0.92
28	0.64	0.68	0.71	0.74	0.77	0.81	0.84	0.87	0.90
29	0.61	0.65	0.68	0.71	0.74	0.77	0.80	0.83	0.86
30	0.60	0.63	0.66	0.69	0.72	0.75	0.78	0.81	0.84

（二）两段式施肥方式

西南、西北带状间作区可根据当地整地习惯选择不同施肥方式。一种是底肥+种肥，适合需要整地的春玉米间春大豆模式，底肥采用全田撒施低氮复合肥（如 $N-P_2O_5-K_2O=14-15-14$），用氮量以大豆需氮量为上限（每亩不超过 4 千克纯氮）；播种时，利用施肥播种机对玉米添加种肥，玉米种肥以缓释肥为主，施肥量参照当地单作玉米单株用肥量，大豆不添加种肥。另一种是种肥+追肥，适合不整地的夏玉米带状间作夏大豆，播种时，利用大豆玉米带状间作施肥播种机分别施肥，大豆施用低氮量复合肥，玉米按当地单作玉米总需氮量的一半（每亩 6~9 千克纯氮）施加玉米专用复合肥；待玉米大喇叭口期时，追施尿素或玉米专用复合肥（每亩 6~9 千克纯氮）。计算方法：亩用肥量（千克/亩）= 每亩施纯氮量×100/复合肥含氮百分率；每个播种单体 10 米下肥量（千克/10 米）= ［亩用肥量（千克）×10 米×平均行距（厘米）/100（换算成米）］/667 米^2；按每亩种肥 12 千克纯氮计，每增加（减少）1 千克纯氮，每 10 米下肥量增加（减少）75 克。

西南大豆玉米带状套作区，采用种肥与追肥两段式施肥方式，即玉米播种时每亩施 25 千克玉米专用复合肥（$N-P_2O_5-K_2O = 28-8-6$），利用玉米播种施肥机同步完成施肥播种作业；玉米大喇叭口期将玉米追肥和大豆底肥结合施用，每亩施纯氮 7~9 千克、五氧化二磷 3~5 千克、氯化钾 3~5 千克，肥料选用氮磷钾含量与此配比相当的颗粒复合肥（$N-P_2O_5-K_2O = 14-15-14$），每亩施用 45 千克，在玉米带外侧 15~25 厘米处开沟施入，或利用 2BYSF-3 型大豆施肥播种机同步完成施肥播种作业。

（三）三段式施肥方式

针对西北、东北等大豆玉米带状间作不能施加缓释肥的地区，采用底肥、种肥与追肥三段式施肥方式。

底肥以低氮量复合肥与有机肥结合，每亩纯氮不超过 4 千克，磷钾肥用量可根据当地单作玉米、大豆施用量确定，可采用带状复合种植专用底肥（$N-P_2O_5-K_2O = 14-15-14$），每亩撒施 25 千克（折合纯氮 3.5 千克/亩）；有机肥可利用当地较多的牲畜粪尿，每亩 300~400 千克，结合整地深翻土中，有条件的地方可添加生物有机肥，每亩 25~50 千克。

种肥仅针对玉米施用，每亩施氮量 10~14 千克，选用带状间作玉米专用种肥（$N-P_2O_5-K_2O = 28-8-6$），每亩 40~50 千克，利用大豆玉米带状间作施肥播种机同步完成播种施肥作业。

追肥，通常在基肥与种肥不足时施用，可在玉米大喇叭口期对长势较弱的地块利用简易式追肥器在玉米两侧（15~25 厘米）追施尿素 10~15 千克（具体用氮量可根据总需氮量和已施氮量计算），切忌在灌溉地区将肥料混入灌溉水中对田块进行漫灌，否则造成大豆因吸入大量氮肥而疯长，花荚大量脱落，植株严重倒伏，产量严重下降。

二、微肥的施肥方式

微肥施用通常有基施、种子处理与叶面喷施 3 种方法，对于土壤缺素普遍的地区通常以基施和种子处理为主，其他零星缺素田块以叶面喷施为主。施用时，根据土壤中微量元素缺失情况进行补施，缺什么补什么，如果多种微量元素缺失则同时添加，施用时玉米、大豆同步施用。

（一）基施

适合基施的微肥主要有锌肥、硼肥、锰肥、铁肥，适合于西北、东北等先整地后播种的大豆玉米带状间作地区，采用与有机肥或磷肥混合作基肥同步施用。每亩施硫酸锌 1~2 千克、硫酸锰 1~2 千克、硫酸亚铁 5~6 千克、硼砂 0.3~0.5 千克，与腐熟农家肥或其他磷肥、有机肥等混合施入垄沟内或条施。硼砂作基肥时不可直接接触玉米或大豆种子，不宜深翻或撒施，不要过量施用，否则会降低出苗率，甚至死苗减产；基施硼肥后效明显，不需要每年施用。

（二）叶面喷施

在免耕播种地区，对于前期未进行微肥基施或种子处理的田块，可视田间缺素症状及时采用叶面混合一次性喷施方式进行根外追肥。在玉米拔节期或大豆开花初期、结荚初期各喷施 1 次 0.1%~0.3% 的硫酸锌、硼砂、硫酸锰和硫酸亚铁混合溶液，每亩施用药液 40~50 千克。锰肥喷施时可在稀释后的药液中加入

0.15%的熟石灰，以免烧伤作物叶片；铁肥喷施时可配合适量尿素，以提高施用效果。

此外，针对大豆苗期受玉米荫蔽影响、植株细小易倒伏等问题，可在带状套作大豆苗期（V1期，第一片三出复叶全展）喷施离子钛复合液，原液浓度为每升4克，施用时将原液稀释1 000~1 500倍，即10毫升（1瓶盖）原液加水10~15千克搅匀后喷施。针对大豆缺钼导致根瘤生长不好、固氮能力下降等问题，可在大豆开花初期、结荚初期喷施0.05%~0.1%的钼酸铵液，每亩施用药液30~40千克。

第五章 大豆玉米带状复合种植水分管理技术

第一节 需水规律

一、大豆需水规律

大豆是需水较多的作物，平均每株大豆生育期内需水17.5~30千克。大豆在不同生长阶段耗水量差异很大，土壤水分含量过低或过高，都会影响大豆的正常生长。

（一）播种期

大豆籽粒大，蛋白质和脂肪含量高，发芽需要较多的水分，吸水量相当于自身重量的120%~140%。此时土壤含水量20%~24%较为适宜。

（二）幼苗期

根系生长较快，茎叶生长较慢，此时土壤水分可以略少一些，有利于根系深扎。大豆幼苗期耗水量占整个生育期的13%左右。此期间以土壤含水量20%~30%（田间持水量的60%~65%）为宜。

（三）分枝期

该阶段是大豆茎叶开始繁茂、花芽开始分化的时期，若此时水分不足，会影响植株的生长发育；水分过多，又容易造成徒长。此时土壤含水量以保持田间持水量的65%~70%为宜。若此时土壤含水量低于20%，应适量灌水，并及时中耕松土，灌水量宜小不宜大。

（四）开花结荚期

该时期营养生长和生殖生长都很旺盛，并且这时气温高，蒸腾作用强烈，需水量猛增，是大豆生育期中需水量最多的时期，约占全生育期的45%。水分不足会造成植株生长受阻、花荚脱落，导致减产，此时期土壤水分不应低于田间持水量的65%~70%，以田间持水量的80%为宜。

（五）结荚鼓粒期

该时期大豆枝繁叶茂，耗水量大，是大豆需水的关键时期。充足的水分才能保证鼓粒充足，粒大饱满。此时缺水易发生早衰，造成秕粒，影响产量。此时期应保持田间持水量的70%~80%。但水分过多，会造成大豆贪青晚熟。

（六）成熟期

水分适宜，则大豆籽粒饱满，豆叶逐渐转黄、脱落，进入正常成熟过程，无早衰现象。若水分缺乏，则豆叶不经转黄即枯萎脱落，豆荚秕瘦，百粒重下降。但水分也不宜过多，否则对大豆成熟不利。此期间以田间持水量的20%~30%为宜，可保证豆叶正常逐渐转黄、脱落，无早衰现象。

二、玉米需水规律

玉米喜暖湿气候，对水分极为敏感。玉米各生育期的需水量是两头小、中间大。玉米不同生育期对水分的需求有不同的特点。

（一）播种期

玉米出苗的适宜土壤水分为田间持水量的80%左右，土壤过干、过湿，均不利于玉米种子发芽、出苗。在黄淮海地区，夏玉米播种时间一般在 6 月上中旬，此时农田土壤的水分已被小麦消耗殆尽，又是干旱少雨季节，耕层土壤水分不利于夏玉米出苗，下层土壤水分也不能及时向上层移动供给种子发芽以满足出苗需要。这时如果播种，只有等待浇水或降水，否则不能及时出苗，更不能保证苗全、苗壮。因此，播种时要根据土壤墒情及时浇水，可在小麦收获前浇水造墒，麦收后适墒播种；或小麦收后尽快浇水造墒，再播种；或播后浇"蒙头水"，并配合微喷、滴灌等。

（二）苗期

玉米从出苗到拔节的前阶段为苗期，为了促进根系生长可适当控水蹲苗，以利于根系向纵深发展。此时根系生长快，根量增加，茎部节间粗短，利于提高后期的抗倒伏能力。但是否蹲苗应根据苗情而定，经验是"蹲黑不蹲黄、蹲肥不蹲瘦、蹲湿不蹲干"。玉米苗黑绿色、地力肥沃、墒情好的地块可以蹲苗，反之苗瘦、苗黄、地力薄的地块不宜蹲苗。

（三）拔节期

拔节初期（小喇叭口期，一般在 7 月上旬），玉米开始进入穗分化阶段，属于水分敏感期，此阶段夏玉米对水分的敏感指数为 0.131，仅次于抽穗灌浆阶段，这个时期如果高温干旱缺水会造成植株矮小，叶片短窄，叶面积小，还会影响玉米果穗的发育，甚至雄穗抽不出，形成"卡脖旱"。尤其是近几年高温干旱热害天气出现的时间比较长，直接影响玉米后期果穗畸形、花粒，进而造成减产。此时如果土壤干旱应及时灌水，或者使用喷灌、滴灌来改善田间小环境，确保夏玉米拔节、穗分化与抽穗、穗部发育等过程对水分的需求。

（四）花粒期

夏玉米从抽雄穗开始到灌浆为水分最敏感时期，此时的敏感指数在 0.17 以上，要求田间土壤含水量在 80% 左右为宜。俗话说"春旱不算旱，秋旱减一半"，可见水分在这个时期的重要性。如果土壤水分不足，就会出现抽穗开花持续时间短、不孕花粉量增多、雌穗花丝寿命短、不能授粉（或授粉不全）、空秆率上升、籽粒发育不良、穗粒数明显减少、秃尖多等现象，造成严重减产。黄淮海地区 7—9 月降水较多，一般情况下，不需要灌水就可以满足玉米的正常生长发育。但有时还有伏旱发生，必须根据墒情及时灌水。

三、大豆玉米带状复合种植区域大豆玉米吸水规律

大豆玉米带状复合种植系统中，作物优先在自己的区域吸收水分，玉米带 2 行玉米，行距窄，根系多而集中，对玉米行吸收水分较多，大豆带植株个体偏小，属于直根系，对浅层水分吸收少，对深层水吸收较多。可见，玉米、大豆植株对土壤水分吸收不同是土壤水分分布不均的原因之一。同时，玉米带行距窄导致穿透降雨偏少，而大豆带受高大玉米植株影响小，获得的降雨较多，导致大豆玉米带状复合种植水分分布特点有别于单作玉米和单作大豆。大豆玉米带状复合种植系统在 20~40 厘米土层范围的土壤含水量分布为玉米带<玉豆带间<大豆带，且高于单作。带状复合种植水分利用率高于单作玉米和单作大豆。

第二节　灌溉方式

一、漫灌

漫灌是一种比较粗放的灌水方式，操作简单，劳动力和设备投入少。但漫灌需水量大，水的利用率很低，对土地冲击大，容

易造成土壤和肥料的流失。在生产上，西北及黄淮海地区采用漫灌方式较普遍，如西北地区每年会引用黄河水漫灌地块两次，第一次是在每年 4 月上旬，播种之前引用黄河水漫灌地块，待土壤墒情适宜后开展播种工作；第二次是在每年的 7 月上旬，玉米大喇叭口期、大豆分枝初花期，此时漫灌可以同时满足大豆、玉米对水分的大量需求。黄淮海地区，在地块墒情较差的地块，一般会在播种前进行漫灌造墒，待墒情适宜再进行播种，后期一般无需漫灌。在多次漫灌区域应用大豆玉米带状复合种植技术，播种时需将大豆、玉米一生所需肥料作为种肥分别一次性施用，不能随灌水追施氮肥，以免大豆旺长不结荚。

二、喷灌

（一）喷灌的概念

喷灌是喷洒灌溉的简称，是指利用专门的设备（动力机、水泵、管道等）把水加压或利用水的自然落差将有压水送到灌溉地段，通过喷洒器（喷头）喷射到空中散成细小的水滴，均匀地散布在田间进行灌溉的灌溉方式。它是一种先进的节水灌水方法。

（二）喷灌的优点

喷灌技术作为一种先进的灌溉技术，与传统的地面的灌溉方式相比有以下诸多的优点。

1. 节约用水

喷灌可以根据地形地势、土壤质地和入渗特性来选择合适的喷头，控制合理的喷灌强度和喷水量，所以喷灌的喷水量分布的均匀程度较高，能够有效避免地表径流和深层渗漏损失。

利用喷灌大大提高了水的利用系数，因为喷灌在输出灌溉水时用的是一套专门的有压管道，在输水过程中几乎没有漏水和渗水损失现象，显著地提高了水的利用系数。

水分生产率高，即灌 1 米³ 水所生产的粮食千克数高。喷灌可以做到计划供水，即实时供水，这样就可以依据作物的需水规律来供水，需要多少就供多少。这种模式减少了作物的无效蒸腾，在达到相同的产量时，就需要较小的灌溉水量。

2. 节省劳动力

喷灌可实现高度的机械化，又便于采用小型电子控制装置实现自动化，尤其是采用自动控制的大型喷灌机组各灌系统，可以节省大量的劳动力。

减少田间工程劳动量，可以免去修筑田间输水毛渠、农渠、畦田的田埂等的工作量。

喷灌可以将肥料和农药混入灌溉水中共同施入，减少了施肥和喷洒农药的劳动量。

3. 增产，改善农产品品质

喷灌时用管道输水，无需田地间渠、沟和畦埂，土地利用率高，一般可增加耕地利用率 7%～15%。

喷灌可以采用较小的灌水定额对作物进行灌溉，采用少灌勤灌的灌水方式，便于严格控制土壤水分含水量及灌水深度，作物根系主要分布区水分供应充足，作物计划湿润层的土壤水分经常保持在作物吸水的适宜范围内，有利于作物生长。

对耕作层的土壤不产生机械的破坏作用，保持土壤的团粒结构，土壤疏松、多孔、通气性好，微生物生长环境适宜，促进养分分解，提高土壤肥力。

调节田间小气候，增加近地表层的空气湿度，调节温度和昼夜温差，避免干热风、高温和霜冻等恶劣天气对作物的危害，为作物创造了良好的生长发育条件。

在喷灌时能冲掉植物茎叶上尘土，有利于植物呼吸和光合作用，特别是蔬菜增产效果更为明显。

4. 适应性强

喷灌可适应于各种作物，不仅适应所有大田作物，如小麦、玉米、大豆，而且对于各种经济作物（花生、烟草）、蔬菜、草场都可以获得很好的经济效果。密植浅根类作物、矮化密植作物都可采用喷灌。

适应于各种场所，大田作物、温室、大型牧场、大型农场、城市园林、运动场、水景工程。

适应于各种土壤和地形，砂土、壤土、黏土均可以采用喷灌，不管是平原地区，还是山地丘陵地区也都可采用喷灌技术。山地丘陵地区地形复杂，修筑难度较大，喷灌采用管道输水，对地形条件要求不高，可以省去造梯田或其他工程的费用，沙漠地区可以利用喷灌技术进行沙漠的绿洲化。

（三）喷灌系统的组成

通常，喷灌系统由水源工程、水泵+动力机、管道系统、喷灌机及附属设备、附属工程组成。

1. 水源工程

喷灌系统与地面灌溉系统一样，首先要解决水源问题。常见水源有河流、渠道、水库、塘坝、湖泊、机井、山泉。在整个生长季节，水源应有可靠的供水保证。喷灌对水源的要求是：水量满足要求，水质符合灌溉用水标准（《农田灌溉水质标准》GB 5084—2005）。另外，在规划设计中，特别是山区或地形有较大变化时，应尽量利用水源的自然水头，进行自压喷灌，选取合适的地形和制高点修建水池，以控制较大的灌溉面积。在水量不够大、水质不符合条件的地区需要建设水源工程。水源工程的作用是通过它实现对水源的蓄积、沉淀和过滤作用。

2. 水泵+动力机

喷灌需要使用有压力的水才能进行喷洒。通常利用水泵将水提吸、增压、输送到各级管道及各个喷头中，并通过喷头喷洒出来。水泵要能满足喷灌所需的压力和流量要求。常用的卧式单级离心泵，扬程一般为30~90米。深井水源采用潜水电泵或射流式深井泵。如要求流量大而压力低，可采用效率高而扬程变化小的混流泵。移动式喷灌系统多采用自吸离心泵或设有自吸或充水装置的离心泵，有时也使用结构简单、体积小、自吸性能好的单螺杆泵。

常用的动力设备有电动机、柴油机、小型拖拉机、汽油机等。在有电的地区应尽量使用电动机，不方便供电的情况下只能采用柴油机、汽油机或拖拉机。对于轻小型喷灌机组，为了移动方便，通常采用喷灌专业自吸泵，而对于大型喷灌工程，通常采用分级加压的方式来降低系统的工作压力。

3. 管道系统

一般分为干、支2级，还可以分为干、支、分支3级，管道上还需配备一定数量的管件和竖管。管道的作用是把经过水泵加压的或自压的灌溉水输送到田间，因此，管道系统要求能承受一定的压力和通过一定的流量。为了保护喷灌系统的安全运行，可根据需要在管网中安装必要的安全装置，如进排气阀、限压阀、泄水阀等。管网系统需要各种连接和控制的附属配件，包括闸阀、三通、弯头和其他接头等，在干管或支管的进水阀后可以连接施肥装置。

4. 喷灌机

喷灌机是自成体系，能独立在田间移动喷灌的机械。为了进行大面积喷灌就应当在田间布置供水系统给喷灌机供水，供水系统可以是明渠也可以是无压管道或有压管道。喷灌机的主要组成部分是喷头。它的作用是将有压的集中水流喷射到空中，散成细小的水滴并均匀地散布在它所控制的灌溉面积上。

5. 附属工程、附属设备

喷灌工程中还用到一些附属工程和附属设备，如从河流、湖泊、渠道取水，应设拦污设施；在灌溉季节结束后应排空管道中的水，需设泄水阀，以保证喷灌系统安全越冬；为观察喷灌系统的运行状况，在水泵进出水管路上应设置真空表、压力表和水表，在管道上还要设置必要的闸阀，以便配水和检修；考虑综合利用时，如喷洒农药和肥料，应在干管或支管上端设置调配和注入设备。

（四）喷灌技术的应用

喷灌按管道的可移动性分为固定式、移动式和半移动式3种，黄淮海、西北地区应用较多。安装固定式喷灌的地块，尽量让喷灌装置位于大豆行间，避免后期喷灌受玉米株高的影响。对于移动式、半移动式喷灌，使用方式与单作大田方式相同。针对墒情不好的地块，播种时应先喷灌造墒，墒情合适再进行播种。如播种前来不及喷灌，播后喷灌要做到强度适中、水滴雾化、均匀喷洒。喷灌水量满足出苗用水即可，过量喷灌会造成土表板结，影响出苗，尤其是大豆顶土能力弱，土表板结严重会导致出苗率大幅度降低。

三、微灌

（一）微灌的概念

微灌是指按照作物需水要求，通过低压管道系统与安装在末级管道上的特制灌水器，将水和作物生长所需的养分以较小的流量均匀、准确地直接输送到作物根部附近的土壤表面或土层中的灌水方法。与传统的地面灌溉和全面积都湿润的喷灌相比，微灌只以少量的水湿润作物根区附近的部分土壤，因此又叫局部灌溉。

微灌灌水流量小，一次灌水延续时间较长，灌水周期短，需要的工作压力较低，能够较精确地控制灌水量，能把水和养分直接输送到作物根部附近的土壤中去。按灌水时水流出流方式的不同，可以将微灌分为如下 3 种形式。

1. 滴灌

滴灌是通过安装在毛管上的滴头、孔口或滴灌带等灌水器将水一滴一滴地、均匀而又缓慢地滴入作物根区附近土壤中的灌水形式。由于滴水流量小，水滴缓慢入土，因而在滴灌条件下除紧靠滴头下面的土壤水分处于饱和状态外，其他部位的土壤水分均处于非饱和状态，土壤水分主要借助毛管张力作用入渗和扩散。

2. 地表下滴灌

地表下滴灌是将全部滴灌管道和灌水器埋入地表下面的一种灌水形式，这种灌水形式能克服地面毛管易于老化的缺陷，防止毛管损坏或丢失，同时方便田间作业。与地下渗灌和通过控制地下水位的浸润灌溉相比，区别仍然是仅湿润部分土体，因此叫地表下滴灌。

3. 微喷灌

微喷灌是通过安装在毛管上的涌水器形成的小股水流，以涌泉方式使水流入土壤的一种灌水形式。微喷灌的流量比滴灌大，一般都超过土壤的渗吸速度。为了防止产生地面径流，需要在涌水器附近挖一小灌水坑暂时储水。微喷灌尤其适合于果园和植树造林的灌溉。

（二）微灌的优点

1. 省水

微灌系统全部由管道输水，很少有沿程渗漏和蒸发损失；微灌属局部灌溉，灌水时一般只湿润作物根部附近的部分土壤，灌水流量小，不易发生地表径流和深层渗漏；另外，微灌能适时适量地按作物生长需要供水，较其他灌水方法，水的利用率高。

2. 节能

微灌的灌水器在低压条件下运行，一般工作压力为 50~150 千帕，比喷灌低；又因微灌比地面灌溉省水，灌水利用率高，对提水灌溉来说这意味着减少了能耗。

3. 增产

微灌能适时适量地向作物根区供水供肥，有的还可调节棵间的温度和湿度，不会造成土壤板结，为作物生长提供了良好的条件，因而有利于实现高产稳产，提高产品质量。

4. 节省劳动力

微灌系统不需平整土地，开沟打畦，可实行自动控制，大大减少了田间灌水的劳动量和劳动强度。

5. 灌水均匀

微灌系统能够做到有效地控制每个灌水器的出水量，灌水均匀度高，均匀度一般可达 80%~90%。

6. 对土壤和地形的适应性强

微灌系统的灌水速度可快可慢，对于入渗率很低的黏性土壤，灌水速度可以放慢，使其不产生地面径流。对于入渗率很高的沙土，灌水速度可以提高，灌水时间可以缩短或进行间歇灌水，这样做既能使作物根系层经常保持适宜的土壤水分，又不至于产生深层渗漏。由于微灌是压力管道输水，不一定要求对地面整平。

（三）微灌系统的组成

微灌工程通常由水源工程、首部枢纽、输配水管网和灌水器 4 部分组成。

1. 水源工程

河流、湖泊、塘堰、沟渠、井泉等，只要水质符合微灌要求，均可作为微灌的水源。为了充分利用各种水源进行灌溉，往往需要修建引水、蓄水和提水工程，以及相应的输配电工程，这些通称为水源工程。

2. 首部枢纽

首部枢纽是整个微灌系统的驱动、检测和控制中枢，主要由水泵及动力机、过滤器等水质净化设备、施肥装置、控制阀门、进排气阀、压力表、流量计等设备组成。其作用是从水源中取水经加压过滤后输送到输水管网中去，并通过压力表、流量计等量测设备监测系统运行情况。

3. 输配水管网

输配水管网的作用是将首部枢纽处理过的水按照要求输送分配到每个灌水单元和灌水器。包括干、支管和毛管三级管道。毛管是微灌系统末级管道，其上安装或连接灌水器。

4. 灌水器

灌水器是微灌系统中的最关键的部件，是直接向作物灌水的设备，其作用是消减压力，将水流变为水滴、细流或喷洒状施入土壤，主要有滴头、滴灌带、微喷头、渗灌滴头、渗灌管等。微灌系统的灌水器大多数用塑料注塑成型。

(四) 微灌技术的应用

微灌是目前节水灌溉方式中最为有效的一种，西北地区使用普遍。该地区播种季节风大，通常在播种时随播种机将滴灌带浅埋在作物旁4~5厘米处，浅埋深度2~3厘米。为防止堵塞，一般选用内镶嵌式滴灌带，浅埋时滴头向下。进行灌溉时如遇部分滴灌带浅埋过深影响通水，可通过人工向上提拉滴灌带。每条滴灌带与主管连接处安有控制开关，便于后期通过滴灌带给不同作物追施肥料，如给玉米追施氮肥时，必须关上大豆滴灌带的开关。根据作物需水规律，一般在播后苗前、玉米拔节期（大豆分枝期)、玉米大喇叭口期(大豆开花结荚期)和玉米灌浆期(大豆鼓粒期)进行滴管。

微喷技术在黄淮海地区使用较多。对于大豆玉米带状复合种植技术,一般选择直径 4~5 厘米的微喷灌,播种后及时安装于大豆玉米行间。每隔 2~2.5 米安装一条微喷管即可。

第三节　大豆玉米防渍

大豆玉米间套作种植时,对容易发生内涝的地块,要采用机械排水和挖沟排水等措施,及时排出田间积水和耕层滞水,有条件的可以中耕松土施肥,或喷施叶面肥。

一、大豆防渍

田间渍水是大豆生产中常见的灾害现象,容易胁迫、抑制大豆植株生长,扰乱大豆正常生理功能,使大豆产量和品质受到严重影响,造成株高降低,叶面积指数减小,根系发育受阻,根干重和根体积降低。叶色值和净光合速率降低,渗透调节物质和保护酶活性均会发生变化。

(一)　苗期

大豆播种后,要及时开好田间排水沟,使沟渠相通,保证降水时畦面无积水,防止烂种。如果抗旱灌水时,切忌大水漫灌,以免影响幼苗生长。如果雨水较大,田间出现大量积水时,要及时疏通沟渠排出积水,避免产生渍害,影响玉米、大豆生长。

(二)　开花期

大豆虽然抗涝,但水分过多也会造成植株生长不良,造成落花落荚,甚至倒伏。如果开花期降水量大,土壤湿度超过田间持水量的 80% 以上时,大豆植株的生长发育同样会受到影响。如遇暴雨或连续阴雨造成渍水时，低洼地块要注意排水防涝，应及时排出田间积水，以降低土壤和空气湿度，促进植株正常生长。

（三）结荚鼓粒期

结荚鼓粒期，进入生殖生长旺盛时期，对水分需求量较大。如遇连续干旱，要及时浇水，并且须小水浇灌，田间无明显积水。如遇暴雨天气，土壤积水量过多，会引起后期贪青迟熟，倒伏秕粒。因此，要及时排出田间积水，有条件的可在玉米行和大豆行间进行中耕，以除涝散墒。

二、玉米防渍

（一）播种期

土壤干旱缺水影响玉米种子发芽与出苗，但土壤含水量偏高也不利于玉米出苗。若玉米播种时浇完水遇到降水，造成田间耕层土壤水分含量偏高，土壤通气性变差，时间过长易造成烂种。为此，播种出苗时也要求对过湿的地块进行排水，为玉米籽粒萌芽出苗创造好的条件。

（二）苗期

玉米苗期怕涝不怕旱。如春季多旱，只要灌好播前水或"蒙头水"，土壤有好的底墒，就可以苗齐、苗全、苗壮。倘若土壤含水量过多，就会影响根系从土壤中吸收养分，植株发育不良。因此，应做好田间排水，避免苗期受涝渍危害。

（三）拔节期

玉米进入拔节期后是玉米由单纯的营养生长转为营养生长与生殖生长并行的时期。此期间营养旺盛，生殖器官逐渐分化形成，是玉米雌雄穗分化的主要时期。这个时期玉米需要有充足的土壤水分，但遇有暴雨积水，水分过多时也会影响玉米的发育，涝渍较严重的地块注意排湿除涝，增加根部活性，结合喷施叶面肥，促进水肥吸收。

（四）花粒期

黄淮海地区夏玉米灌浆期正值雨季，此时营养体已经形成并停止生长，尤其是玉米生长中后期，根系的活力逐渐减退，耐涝程度逐渐减弱。因此，必须做好雨季的防涝除渍准备，及时疏通排水沟，在遇到暴雨或连续阴雨时要立即排涝，对低洼田块在排涝以后最好进行中耕，破除板结，疏松土壤，促进通气性，改善根际环境，延长根系活力，减少涝灾的危害。

第六章 大豆玉米带状复合种植化学调控技术

第一节　玉米化控降高技术

在适当的时期利用化学药剂进行调控，能够有效控制作物旺长，降低植株高度，增强茎秆抗倒性，减少倒伏，提高田间通风透光能力，有利于机械化收获。特别是大豆玉米带状复合种植时，由于光照条件的限制，大豆易倒伏，结荚少，产量低，品质差，而初花期叶面喷施烯效唑能改善大豆株形，延长叶片功能期，促进植株健壮生长，减少落花落荚，提高大豆产量。

一、使用原则

适用于风大、易倒伏的地区和水肥条件较好、生长偏旺、种植密度大、品种易倒伏、对大豆遮阴严重的田块。密度合理、生长正常地块可不化控。根据不同化控药剂的要求，在其最适喷药的时期喷施。掌握合适的药剂浓度，均匀喷洒于上部叶片，不重喷不漏喷。喷药后6小时内如遇雨淋，可在雨后酌情减量再喷1次。

二、常用化控药剂

（一）玉米健壮素

主要成分为2-氯乙基，一般可降低株高20~30厘米，降低穗位 15 厘米，并促进根系生长，从而增强植株的抗倒能力。在 7~10 片展开叶用药最为适宜；每亩用 1 支药剂（30 毫升型）兑水 20 千克，均匀喷于上部叶片即可，不必上下左右都喷，对生长较弱的植株、矮株不能喷；药液要现配现用，选晴天喷施，喷后 4 小时遇雨要重喷，重喷时药量减半，如遇刮风天气，应顺风施药，并戴上口罩；健壮素不能与其他农药、化肥混合施用，以防失效；要注意喷后洗手，玉米健壮素原液有腐蚀性，勿与皮肤、衣物接触，喷药后要立即用肥皂洗手。

（二）金得乐

主要成分为乙烯类激素物质，能缩短节间长度，矮化株高，增粗茎秆，降低穗位 15~20 厘米，既抗倒，又减少对大豆的遮阴。一般在玉米 6~8 片展开叶时喷施；每亩用 1 袋（30 毫升型）兑水 15~20 千克喷雾；可与微酸性或中性农药、化肥同时喷施。

（三）玉黄金

主要成分是胺鲜脂和乙烯利，通过降低穗位和株高而抗倒，减少对大豆的遮阴，降低玉米空秆和秃尖。在玉米田间生长到 6~12 片叶的时候进行喷洒；每亩用 2 支（20 毫升型）兑水 30 千克，利用喷雾器将药液均匀喷洒在玉米叶片上；尽量使用河水、湖水，水的 pH 值应为中性，不可使用碱性水或者硬度过大的深井水；如果长势不匀，可以喷大不喷小；在整个生育期，原则上只需喷施 1 次，如果植株矮化不够，可以在抽雄期再喷施 1 次，使用剂量和方法同前。

三、施药时期和施用方法

（一）施药时期

根据化学调节剂的不同性质选择施药时期，一般最佳使用时期为玉米 6~10 叶期（完全展开叶）。在拔节期前喷药主要是控制玉米下部茎节的高度，拔节期后施用主要是控制上部茎节的高度。

（二）施用方法

间套作玉米苗期施用氮肥过多，或雨水较大，往往会造成幼苗徒长。在玉米 6~10 片叶的时候，可选用 30%玉黄金水剂（主要成分是胺鲜酯和乙烯利）10 毫升/亩，兑水 15 千克，均匀喷洒在叶片上；也可用缩节胺（助壮素）20~30 毫升/亩，兑水 40 千克，在玉米大喇叭口期喷施。喷药时要均匀喷洒在上部叶片上，不要重喷、漏喷，喷药后 6 小时内如遇大雨，可在雨后酌情减量再喷施 1 次。

四、玉米化控注意事项

玉米化控的原则是喷高不喷低、喷旺不喷弱、喷绿不喷黄。施用玉米化控调节剂时，一定要严格按照说明配制药液，不得擅自提高药液浓度，并且要掌握好喷药时期。喷得过早，会抑制玉米植株正常的生长发育，造成玉米茎秆过低，影响雌穗发育；喷得过晚，既达不到应有的效果，还会影响玉米雄穗的分化，导致花粉量少，进而影响授粉和产量。

第二节　大豆控旺防倒技术

一、大豆旺长的田间表现

在大豆生长过程中，如肥水条件较充足，特别是氮素营养过多，或密度过大，温度过高，光照不足，往往会造成地上部植株营养器官过度生长，枝叶繁茂，植株贪青，落花落荚，瘪荚多，产量和品质严重下降。

大豆旺长大多发生在开花结荚阶段，密度越大，叶片之间重叠性就越高，单位叶片所接收到的光照越少，导致光合速率下降，光合产物不足而减产。大豆旺长的鉴定指标及方法有：从植株形态结构看，主茎过高，枝叶繁茂，通风透光性差，叶片封行，田间郁蔽；从叶片看，大豆上层叶片肥厚，颜色浓绿，叶片大小接近成人手掌，下部叶片泛黄，开始脱落；从花序看，除主茎上部有少量花序或结荚外，主茎下部及分枝的花序或荚较少、易脱落，有少量营养株（无花无荚）。

二、大豆倒伏的田间表现

大豆玉米带状复合种植时，大豆会在不同生长时期受到玉米的荫蔽，从而影响其形态建成和产量。带状套作大豆苗期受到玉米遮阴，导致大豆节间过度伸长，株高增加，严重时主茎出现藤蔓化；茎秆变细，木质素含量下降，强度降低，易发生倒伏。苗期发生倒伏的大豆容易感染病虫害，死苗率高，导致基本苗不足；后期机械化收获困难，损失率极高。带状间作大豆与玉米同时播种，自播种后 40~50 天开始，玉米对大豆构成遮阴，直至收获。在此期间，间作大豆能接受的光照只有单作的 40% 左右，荫蔽会促使大豆株高增加，茎秆强度降低，后期发生倒伏，百粒重降低，机收困难。

三、常用化控药剂

目前生产中应用于大豆控旺防倒的生长调节剂主要为烯效唑或胺鲜酯。

烯效唑是一种高效低毒的植物生长延缓剂，具有强烈的生长调节功能。它被植物叶茎组织和根部吸收进入植株后，通过木质部向顶部输送，抑制植株的纵向生长、促进横向生长，使植株变矮，一般可降低株高 15~20 厘米，分枝（分蘖）增多，茎枝变粗，同时促进茎秆中木质素合成，从而提高抗倒性和防止旺长。烯效唑纯品为白色结晶固体，能溶于丙酮、甲醇、乙酸乙酯、氯仿和二甲基甲酰胺等多种有机溶剂，难溶于水。生产上使用的烯效唑一般为含量为 5% 的可湿性粉剂。烯效唑的使用通常有两种方式。一种是拌种，大豆种子表面虽然看似光滑，但目前使用的烯效唑可湿性粉剂颗粒极细，且黏附性较强，采用干拌种即可。播种前，将选好的种子按田块需种量称好种子后置于塑料袋或盆桶中，按每千克种子用量 16~20 毫克添加 5% 烯效唑可湿性粉剂，其后来回抖动数次，拌种均匀后即时播种。另一种是叶面喷施，在大豆分枝期或初花期，每亩用 5% 烯效唑可湿性粉剂 25~50 克，兑水 30 千克喷雾使用，喷药时间选择在晴天的下午，均匀喷施上部叶片即可，对生长较弱的植株、矮株不喷，药液要先配成母液再稀释使用。注意烯效唑施用剂量过多有药害，会导致植物烧伤、凋萎、生长不良、叶片畸形、落叶、落花、落果、晚熟。

胺鲜酯主要成分为叔胺类活性物质，能促进细胞的分裂和伸长，促进植株的光合速率，调节植株体内碳氮平衡，提高大豆开花数和结荚数，结荚饱满。胺鲜酯一般选择在大豆初花期或结荚期喷施，用浓度为 60 毫克/升的 98% 胺鲜酯可湿性粉剂，每亩喷施 30~40 千克，不要在高温烈日下喷洒，16 时后喷药效果较好。喷后 6 小时若遇雨应减半补喷。使用不宜过频，间隔至少一周以上。胺鲜酯遇碱易分解，不宜与碱性农药混用。

四、施药时期

大豆化控可以分别在播种期、始花期进行，利用烯效唑处理可以有效抑制植株顶端优势，促进分枝发生，延长营养生长期，培育壮苗，改善株型，利于田间通风透光，减轻大豆玉米间作种植模式中玉米对大豆的荫蔽作用，利于解决玉米大豆间作生产中争地、争时、争光的矛盾，为获取大豆高产打下良好的基础。

1. 播种期

大豆播种前，种子用5%烯效唑可湿性粉剂拌种，可有效抑制大豆苗期节间伸长，显著降低株高，达到防止倒伏的效果，还能够增加主茎节数，提高单株荚数、百粒重和产量，但拌种处理不好会降低大豆田间出苗率，因此，一定要严格控制剂量，并且科学拌种。可在播种前1~2天，每千克大豆种子用6~12毫克5%烯效唑可湿性粉剂拌种，晾干备用。

2. 开花期

开花期降水量增大，高温高湿天气容易使大豆旺长，造成枝叶繁茂、行间郁闭，易落花落荚。长势过旺、行间郁闭的间作大豆，在初花期可叶面喷施5%烯效唑可湿性粉剂600~800倍液，控制节间伸长和旺长，促使大豆茎秆粗壮，降低株高，不易徒长，有效防止大豆后期倒伏，影响产量和收获质量。一定要根据间作大豆的田间生长情况施药，并严格控制烯效唑的施用量和施用时间。施药应在晴天16时以后，若喷药后2小时内遇雨，需晴天后再喷1次。

五、大豆化控注意事项

大豆玉米间作种植时，可以利用烯效唑通过拌种、叶面喷施等方式，来改善大豆株型，延长叶片功能期与生育期，合理利用温、光条件，促进植株健壮生长，防止倒伏。但一定要严格控制烯效唑的施用量和施用时间。如果不利用烯效唑进行种子拌种，而采用叶面喷施化学调控药剂时，一般要在开花前进行茎叶喷施，化控时间过早或烯效唑过量，均会导致大豆生长停滞，影响产量。综合考虑烯效唑拌种能提高大豆出苗率，又利于施用操作和控制浓度，可研究把烯效唑做成缓释剂，对大豆种子进行包衣，简化烯效唑施用方法，便于大面积推广。

第七章 大豆玉米带状复合种植病虫草害防治技术

第一节 病虫草害的发生特点

一、病虫害的发生特点

在大豆玉米带状复合种植系统内，田间常见玉米病害有叶斑类病害（大斑病、小斑病、灰斑病等）、纹枯病、茎腐病、穗腐病等，其中，以纹枯病、大斑病、小斑病、穗腐病发生普遍；常见大豆病害有大豆病毒病、根腐病、细菌性叶斑病、荚腐病等，其中病毒病和细菌性叶斑病为常发病，根腐病随着种植年限延长而加重，发病率5%~20%。结荚期，如遇连续降雨，大豆荚腐病发生较重。与单作玉米和单作大豆相比，各主要病害的发生率均降低，病害抑制率为4.2%~60%。

带状间套作显著降低斜纹夜蛾幼虫、高隆象、大豆蜗牛、钉螺和蚜虫（低飞害虫）的数量，最高抑制率分别达到单作对应大豆害虫数量的7.0%、23.1%、16.5%、17.9%和50.2%。玉米的遮挡有利于降低大豆害虫为害，特别是斜纹夜蛾、蚜虫和高隆象的发生。与单作相比，带状间套作能显著降低大豆有虫株率，降至单作的47.6%，行比配置2∶3和2∶4的综合控虫效果优于其他配置。玉米对大豆蚜具有明显的阻隔效应，阻碍了携带病毒的大豆蚜的传播和扩散，抑制率达59.3%。

二、杂草的发生特点

带状复合种植全生育期杂草总生物量分别较单作玉米和单作大豆减少 29% 和 41%，杂草丰度较单作减少 21%。与单作类似，大豆玉米带状复合种植系统中的杂草包括单子叶杂草和双子叶杂草，主要有马唐、稗草、牛筋草、藜、反枝苋、铁苋菜、龙葵等一年生禾本科和阔叶类杂草，及部分多年生杂草如水花生、问荆、刺儿菜等。杂草先于玉米、大豆萌发出苗，发生期较长，整个生长季节有多个萌发出苗高峰期，且与灌水或降水密切相关。气温升高，雨水增多时，杂草发生进入高峰。一般出苗后 1~2 周为防除杂草的关键时期。

大豆玉米带状间作田杂草与大豆、玉米同时萌发出苗，发生早、量大且集中，较易防除，一次性除草效果较好；大豆玉米带状套作田杂草发生时期相对较长，出苗不整齐，一次性防除难度大，需要多次除草。

第二节　病虫草害的防控原则与策略

一、防控原则

根据大豆玉米带状复合种植病虫草害发生特点，充分利用带状复合种植系统中生物多样性、异质性光环境、空间阻隔、稀释效应、自然天敌、根系化感作用、种间竞争等理论，遵循"公共植保，绿色植保"的方针，以"重前兼后，兼防共治"为防控原则。

（一）重前兼后

重视共生前期初始虫源的压低，共生期一药兼治多种病虫草害，玉米收获后强化大豆虫害防治，控制有害生物越冬总量。

（二）兼防共治

玉米和大豆的初侵染源压低集成技术和病害预警技术的联合使用，兼顾玉米和大豆耐受性的多技术统筹防治。

二、防控策略

基于带状复合种植田间病虫草害的发生规律，制定"一施多治，一具多诱，封定结合"的防控策略。

（一）一施多治

针对发生时期一致且玉米和大豆共有的病虫害，在病虫发生关键期，采用广谱生防菌剂、农用抗生素、高效低毒杀虫、杀菌剂，结合农药增效剂，对多种病虫害进行统一防治，达到一次施药兼防多种病虫害的目标。

（二）一具多诱

针对带状复合种植害虫发生动态，基于趋光性（杀虫灯）、趋色性（色板）、趋化性（性诱剂）等理化原理，采用智能可控多波段 LED 杀虫灯、可降解多色板、性诱剂装置等物理器具，对主要同类、共有害虫进行同时诱杀，通过人工或智能调控实现一种器具可诱杀多种害虫的目标。

（三）封定结合

依据大豆玉米对除草剂的选择性差异，采用芽前封闭与苗后定向除草相结合的方法防除杂草。

第三节　常见病虫害防治技术

一、病虫害绿色防控

绿色防控是指以确保农业生产、农产品质量和农业生态环境安全为目标，以减少化学农药使用为目的，优先采取生态控制、生物防治、物理防治和科学用药等环境友好型技术措施，控制农作物病虫草害的行为。

（一）农业防治

农业防治又称环境管理，为了防治农作物病虫草害所采取的农业技术综合措施、调整和改善作物的生长环境，以增强作物对病虫草害的抵抗力，创造不利于病原物、害虫和杂草生长发育或传播的条件，以控制、避免或减轻病虫草的为害。其防治措施大都是农田管理的基本措施，可与常规栽培管理结合进行。

1. 合理轮作换茬

间套作大豆一定要实行轮作换茬，避免连作。首先，建立合理种植制度，合理茬口布局。其次，采用豆科与禾本科作物3年以上的轮作，做到不重茬、不迎茬，深翻土地。最后，间作大豆茬口不宜选豆科作物做前茬，最好是选择3年内没有种植豆类的地块，可减轻病虫为害，如土传病害（根腐病）和以病残体越冬为主的病害（灰斑病、褐纹病、轮纹病、细菌性斑点病等），还有土壤中越冬的害虫（如豆潜根蝇、二条叶甲、蓟马等）。

合理轮作倒茬对玉米、大豆生长有利，能增强抗虫能力，同时对于食性单一和活动能力不强的害虫，具有抑制其发生的作用，甚至达到直接消灭的目的。多食性害虫，也由于轮作地区的小气候，耕作方式的改变和前、后作种类的差异而受到一定的抑制，从而减轻其发生程度。合理的轮作也可在一定程度上减少杂草对大豆的为害。大豆玉米间作种植时，要注意红蜘蛛的为害。

2. 选用抗病虫品种

生产上要选用抗病虫玉米、大豆品种和优良健康无病的种子，能减轻或避免农药对作物产品和环境的污染，有利于保持生态平衡等。

（1）抗病性

在作物的抗病性中，根据病原物与寄主植物的相互关系和抗性程度的差异通常分为避病性、抗病性和耐病性。

1）避病性。一些寄主植物可能是生育期与病原物的侵染期不相遇，或者是缺乏足够数量的病原物接种体，在田间生长时不受侵染，从而避开了病害。这些寄主植物在人为接种时可能是感病的。有人称避病性是植物的抗接触特性。

2）抗病性。寄主植物对病原生物具有组织结构或生化抗性的性能，可以阻止病原生物的侵染。不同的品种可能有不同的抗病机制，抗性水平也可能不同。按照一个品种能抵抗病原物的个别菌株（或小种）或多个菌株（小种）甚至所有小种的差异，有人就采用（小种）专化抗性和非（小种）专化抗性的名称（在流行学上，则称为垂直抗性与水平抗性）。

3）耐病性。耐病性体现在植物对病害的高忍耐程度。一些寄主植物在受到病原物侵染以后，有的并不显示明显的病变，有的虽然表现出明显的病害症状，但仍然可以获得较高的产量，也称抗损害性或耐害性。

（2）抗虫性

作物的不同品种对于害虫的受害程度也不同。表现出不同品种作物的抗虫性。利用抗虫品种防治害虫，是最经济而具实效的方法。作物不同品种的抗虫性表现如下。

1）不选择性。对害虫的取食、产卵和隐蔽等，没有吸引的能力。

2）抗生性。昆虫取食后，其繁殖力受到抵制，体形变小，体重减轻，寿命缩短，发育不良和死亡率增加等。

3）耐害性。害虫取食后能正常地生存和繁殖，植物本身具有很强的增殖和补偿能力，最终受害很轻。

（3）精选良种

大豆玉米间作高效种植时，一定要结合自然条件及病虫害种类，选用抗病虫、抗逆性强、适应性广、商品性好、产量高的品种，可提高植株的抗性，减轻病虫为害。选择无病地块或无病株及虫粒率低的留种，并加强检验检疫。要求种子纯度98%以上、发芽率97%以上、含水量14%以下的二级以上良种。

在种子播种前，及时清除混杂的杂草种子和带病虫种子，选用饱满、均匀、无病虫的优良种子下种，既可保证全苗、壮苗，提前发芽，生长整齐，发育迅速，还可减轻后期病虫的为害和减少病虫中间寄主杂草。

3. 合理施肥

合理施肥是大豆、玉米获得高产的有力措施，同时对病虫害综合防治有一定的作用。合理施肥是一项简便经济的防治措施，能改善大豆、玉米的营养条件，提高抗病虫能力；增加作物总体积，减轻损失的程度，促进作物正常生长发育，加速外伤的愈合；改良土壤性状，恶化土壤中有害生物的生活条件；直接杀死害虫等。

生产中一些病虫害发生的轻重与作物营养状况有很大的关系。例如，长势茂盛、叶色偏绿的作物，叶片上的蚜虫更多；黏虫、棉铃虫喜欢在长势旺盛的植株上产卵；病害容易发生在生长速度快、氮素营养丰富的植物叶片上。为了追求产量，很多人往往简单地施用大量化肥，尤其是见效明显的氮肥，而过多施用氮素肥料，不但会造成经济上的浪费和土壤污染，同时会加剧部分病虫的为害，致使土壤盐渍化和生理性病害越来越严重，土壤性状不断恶化，有益微生物越来越少，适应能力更强的镰刀菌、轮枝菌等日益增多。合理施肥使作物生长健壮，能显著抵制病毒的干扰，在喷施抗病毒钝化剂时混配上营养性叶面肥或调节剂能大大提高药效，如在盐酸吗啉胍中加入玉米素类调节剂烯腺嘌呤和羟烯腺嘌呤，在防治大豆花叶类病毒病时在钝化剂中混配上含有锌的叶面肥等。

4. 深耕翻土

深耕翻土和改良土壤，不但有利于作物生长、提高产量，同时还能消灭有害生物基数并减少杂草对农作物的为害。作物种植过程中，很多病虫经过土壤传播，在浅层土壤里进行繁殖和生存，前茬作物收获后，及时对土壤进行深耕，促使害虫死亡，可以减少病虫害。如蝼蛄在土壤中取食、生长和繁殖，蛴螬、地老虎、金针虫等地下害虫也都在土壤中生活、为害。许多害虫都在土壤中越冬，对于这些害虫，改变土壤环境条件，都会影响其生长、发育与生存。另外，秸秆还田的作物残体会造成土壤疏松，病虫害增加，经过深耕之后有利于加速秸秆腐烂，还可以减少病虫的侵害，秸秆中的营养物质也会被土壤吸收。土壤深耕一般2~3 年 1 次，也可以根据土壤情况和生产实际进行。

5. 加强田间管理

田间管理是各项增产措施的综合运用，在病虫草害防治上，是十分重要的。

（1）适期播种

适当调节作物的播期，适期适墒播种，使作物容易受害的生育期与病虫害严重为害的盛发期错开，减轻或避免受害，特别是春季播种时，一定要适当晚播。大豆玉米间作播种时，要注意播深，一般 3~5 厘米，太深容易造成苗弱，同时增加根腐病的发病率。

（2）配方施肥

要根据土壤肥力情况，测土配方施肥，并且增施有机肥和磷钾肥，提高抗病虫能力。增施钾肥可以使作物的抗旱、抗冻、抗倒、抗病虫能力大大提高，果实品质高。施有机肥时一定要经过腐熟，滥用未腐熟粪肥，造成各种生理性和侵染性病害以及根蛆、蛴螬等为害加重。

（3）合理密植

合理密植，适当地增加单位面积株数，充分利用空间，扩大绿色面积，更好地利用光能、肥力和水分等，是达到高产稳产的一项重要农业增产措施。大豆、玉米间作，可以充分利用空间、光能和地力，又可改善玉米通风透光的条件，提高作物总产量，增加土地的利用率，实现高产高效的目的。保证合理的密度，使植株间通风透光，减少病虫害滋生。

合理的密植，由于单株营养面积适当，通风透光正常，生长发育良好、壮健，一般来说，可以大大提高作物的耐害性，能促进增产。但过度密植，提早封行，不通风透气，不利于开花结荚，病虫害也会严重发生，给药剂防治也带来困难，如果倒伏，困难更大。

（4）防旱排涝

大豆玉米间作种植，干旱时要适时灌溉，田间有积水时要及时排涝。灌溉与排涝可以迅速改变田间环境条件，恶化病虫害的生活环境，对于若干病虫害常可获得显著防治的作用。

（5）中耕培土

在作物生长期间进行适时的中耕，对于某些病虫害也可以起辅助的防治作用。例如掌握害虫产卵或化蛹盛期进行，可以消灭害虫产于土壤中的卵堆，或消灭地老虎和其他害虫的蛹。中耕可以改善土壤通透性，同时减少成虫出土量或机械杀死幼虫、蛹、成虫。同时可以防除田间杂草，结合中耕，可以追施肥料。

（6）及时除草

杂草也是病虫为害大豆、玉米的桥梁，许多病虫在它生活中的某一时期，特别是作物在播种前和收获后是在杂草上生活的，以后才迁移到作物上为害，杂草便成为害虫良好的食料供应站。因此，播后苗前或苗期及时清除田间杂草及田埂和四周的杂草，可以避免杂草与作物争夺养分，改善通风透光性，减少害虫为害。

（7）清洁田园

保持田园卫生，破坏或恶化害虫化蛹场所，加速病原菌消亡，降低病虫源基数和越冬幼虫数。作物的残余物中，往往潜藏着很多菌源、虫源，在冬季常为某些有害生物的越冬场所，因此，经常保持田园清洁，特别是作物收获以后及时收拾田间的残枝落叶是十分必要的。

因此，农业防治措施与作物增产技术措施是一致的，它主要是通过改变生态条件达到控制病虫害的目的，花钱少、收效大、作用时间长、不伤害天敌，又能使农作物达到高产优质的目的。因此，农业防治是贯彻"预防为主"的经济、安全、有效的根本措施，它在整个病虫害防治中占有十分重要的地位，是病虫害综合防治的基础。

（二）物理防治

物理防治是指通过物理方法进行病虫害的防治。主要是利用简单工具和各种物理因素，如光、热、电、温度、湿度、放射能、声波等防治病虫害。包括最原始、最简单的徒手捕杀或清除，以及现代物理最新成果的运用，可算作既古老又年轻的一类防治手段。物理防治的效果较好，推广使用物理措施时，要综合考虑各种因素，不同病虫害要采取不同的技术。

1. 徒手法

人工捕杀和清除病株、病部及使用简单工具诱杀、设障碍防除，虽有费劳力、效率低、不易彻底等缺点，但尚无更好防治办法的情况下，仍不失为较好的急救措施。常用方法如下。

1）作物田间发现病株时，特别是根腐病、枯萎病、病毒病等防治较为困难的病害，田间发现病株及时拔除，并清出田园掩埋或者焚烧。

2）当害虫个体易于发现、群体较小、劳动力允许时，进行人工捕杀效果较好，既可消灭虫害，又可减少用药。例如，人工采卵，即害虫在大豆叶子上产下卵后，收集卵粒并集中处理；蛾类大量群集时进行人工捕杀或驱赶；对有假死习性的害虫振落捕杀等。

3）出现中心有蚜虫植株时，及时处理该植株及其周围，将虫害封锁、控制在萌芽状态，避免大范围扩散。

4）当害虫群体数量较大，可采用吸虫机捕杀，在大豆植株冠顶用风力将昆虫吸入机内并粉碎，对于鳞翅目、鞘翅目等小型昆虫效果较好。

2. 诱杀法

诱集诱杀是利用害虫的某些趋性或其他生活习性（如越冬、产卵、潜藏），采取适当的方法诱集并集中处理，或结合杀虫剂诱杀害虫。常见的诱杀方法如下。

（1）灯光诱杀

对有趋光性的害虫可利用特殊诱虫灯管光源，如双波灯、频振灯、LED 灯等，吸引毒蛾、夜蛾等多种昆虫，辅以特效黏虫纸、电击或水盆致其死亡。近年来黑光灯和高压电网灭虫器应用广泛，用仿声学原理和超声波防治虫等均有实践。

1）太阳能频振式杀虫灯、黑光灯诱杀。于成虫盛发期每 50 亩设有 1 盏，主要针对夜间活动的有翅成虫，尤其对金龟子、夜蛾等有效。

2）智能灭虫器。核心部位是防水诱虫灯，主要是利用害虫的趋光性和对光强度变化的敏感性。晚间诱虫灯能在短时间内将

20~30 亩大田的雌性和雄性成虫诱惑群聚，使其在飞向光源特定的纳米光波共振圈后会立刻产生眩晕，随后晕厥落入集虫槽内淹死。

（2）食饵诱杀

常用糖醋液诱集，白糖、醋、酒精和水按照一定比例（3：4：1：2）配制糖醋液，加少量农药，将配制好的糖醋液盛入瓶或盆中，占容器体积的一半，在大豆田中每间隔一段距离放置一个，可有效诱杀地老虎、夜蛾等害虫。

（3）潜所诱杀

利用某些害虫对栖息潜藏和越冬场所的要求特点，人为造成害虫喜好的适宜场所，引诱害虫加以消灭。例如在大豆播种前，在大豆田周围保留一些害虫栖息的杂草，待害虫产卵或化蛹后，将大豆田周围的杂草割掉，将其虫卵或者蛹处理，破坏其正常繁殖。或在田间栽插杨柳枝，诱集成虫后人工灭杀。

（4）作物诱集

在田间种植害虫喜食的植物诱集害虫。例如，在大豆、玉米田边人工种植紫花苜蓿带，可以为作物田提供一定数量的天敌。在大片大豆田中提早种植几小块大豆，加强肥水管理，诱集豆荚螟在其集中产卵，然后对其采取适当有效的防治措施，可减轻大面积受害程度。

（5）色板诱杀

色板诱杀不仅能有效降低当代虫口数量及其对作物的为害程度，还能控制下一代的害虫种群，还可监测田间虫情动态。利用色板可诱集到多种节肢动物，浅绿色板和黄色板诱集种类数和个体数最多，对蚜虫、蓟马等昆虫均有较强的诱集力，而且不污染环境，非目标生物无害或为害很少。

3. 阻隔法

根据害虫的活动习性，设置适当的障碍物，阻止害虫扩散或入侵为害。近年来，广泛利用防虫网作为屏障，将害虫阻止在网外，改变害虫行为。用防虫网、遮阳网、塑料薄膜防止成虫侵入，对毒蛾、夜蛾、蚜虫、斑潜蝇的防治效果比较理想，有条件的地区可推广应用；缺点是一次性投入大，且不能控制病害的发生，另外防虫网内高温高湿，更要注意病害的蔓延，配合药剂加强田间管理。也可在田垄里撒上草木灰，阻止蜻类、红蜘蛛等与幼苗直接接触，同时阻断病毒病传染源——蚜虫，对病毒病有明显的预防效果。

4. 温湿度应用

不同种类有害生物的生长发育均有各自适应的温湿度范围，利用自然或人为地控制调节温湿度，使其不利于有害生物的生长、发育和繁殖，甚至导致死亡，达到防治目的。对于大多数害虫，最适宜生长和繁殖温度为 25~33℃。降水较多时，土壤湿度较高。土壤饱和水分达到 50% 以上时，越冬幼虫多不能结茧而死亡。例如，大豆根潜蝇 1 年发生 1 代，其蛹在被害根茬上或在被害根部附近土内越冬。5 月下旬至 6 月上旬，气温高，雨水偏多，土壤湿度大，适宜发生为害。播种前，通过浸种、消毒土壤等措施预防害虫发生。

5. 原子能治虫

应用放射能防治害虫可以直接杀死害虫，也可以损伤昆虫生殖腺体，造成雄虫不育，再将不育雄虫释放到田里，使其与雌虫交配，产生大量不能孵化的卵，达到消灭害虫的目的。如在大豆田里，蛴螬生活较为隐蔽，常咬食作物幼根及茎的地下部分，造成植株断根、断茎、枯萎死亡，农田缺苗、断垄严重，利用放射性同位素标记法，可以有效提高防治效果。

6. 激光杀虫

由于不同种类昆虫对不同激光有不同的敏感性，利用高能激光器进行核辐射处理，可以破坏害虫的某一个或某几个发育时期，杀伤害虫，造成遗传缺陷。激光器的能级如果低于害虫的致死剂量，可与其他方法配合使用。在害虫防治工作中，低功率的激光器可以发挥更大的作用。如果采用大直径光束的轻便激光器照射面积较大的大豆田，可以便利地杀死所有的害虫，但仍要合理控制激光束强度才能不将有益的昆虫杀灭，影响农作物的生长。激光杀虫是一种新型的杀虫方式，并且无污染，对周围环境影响小，也不会和化学农药一样使害虫产生抗药性，相对于生物治虫的范围更加广阔，能取得较为理想的杀虫效果。

(三) 生物防治

生物防治，广义上是指利用自然界中各种有益的生物自身或其代谢产物对虫害进行有效控制的防治技术。狭义的生物防治定义则是指利用有益的活体生物本身（如捕食或寄生性昆虫、蛾类、线虫、微生物等）来防治病虫害的方法。生物防治是病虫害综合防治中的重要方法，在病虫害防治策略中具有非常重要的地位，我国古代有养鸭治虫、虫蚁治虫的记载。生物防治具有持久效应，通过生物间的相互作用来控制病虫为害，其显效不可能像化学农药那么快速、有效，但防效持久稳定，不会对人畜、植物造成伤害，不会对自然环境产生污染，不会产生抗性，而且还可以很好地保护天敌，对虫害进行长期稳定的防治。因此，科学合理地选择生物防治技术，不仅能够有效避免化学农药带来的环境污染，同时可提高对病虫害的防治效果。

1. 天敌防治技术

通过引入害虫的天敌来进行防治。每种害虫都有一种或几种天敌，能有效地抑制害虫的大量繁殖。保护和利用瓢虫、草蛉等天敌，可以杀灭蚜虫等害虫。对天敌的引入数量和时间要进行科学合理的控制，否则会起到相反的作用。在使用生物防治手段过程中，还要从经济的角度进行考虑，对引入数量、防治成本、经济收益要进行综合的分析，尽可能降低防治成本，实现最大的经济效益和生态效益。用于天敌防治的生物可分为以下两类。

（1）捕食性天敌

主要有食虫脊椎动物和捕食性节肢动物两大类。如鸟类有山雀、灰喜鹊、啄木鸟等，节肢动物中捕食性天敌有瓢虫、螳螂、草蛉、蚂蚁、蜘蛛、捕食螨等。此外，还有蟾蜍、食蚊鱼、叉尾鱼等其他种类。

（2）寄生性天敌

主要有寄生蜂和寄生蝇，最常见的有：赤眼蜂、寄生蝇可以防治玉米螟等多种害虫，肿腿蜂可以防治天牛，花角蚜小蜂可以防治松突圆蚧。

2. 微生物防治技术

微生物防治技术包括细菌防治、真菌防治和病毒防治技术。

（1）细菌防治技术

细菌是随着害虫取食叶片而逐渐进入害虫体内，在害虫体内大量繁殖。形成芽孢，产生蛋白质霉素，从而对害虫的肠道进行破坏让其停止取食；此外，害虫体内的细菌还会引发败血症，让害虫较快死亡。现在生产上应用的细菌杀虫剂一般包含青虫菌、杀螟杆菌、苏云金杆菌等，能有效防治蛾类害虫等，且这些细菌杀虫剂在使用过程中也不会对人畜安全造成伤害。

（2）真菌防治技术

在导致昆虫疾病的所有微生物中，真菌约占50%。因此，在作物虫害防治工作中真菌防治技术具有非常重要的作用，在防治线虫、多种病害方面大量应用。现阶段，我国使用最多的是球孢白僵菌、金龟子绿僵菌、耳霉菌、微孢子虫防治多种害虫，利用厚孢轮枝菌、淡紫拟青霉防治多种线虫，以及利用木霉菌、腐霉菌防治多种病害。其培养成本相对较低，且培养过程中不需要非常复杂的设备仪器，具有大规模推广的可行性。真菌大规模流行需要高湿度的环境条件，一般相对湿度要保持在90%左右，外界温度在18~25℃时防治效果最佳。

（3）病毒防治技术

病毒会引发昆虫之间的流行病，从而发挥出防治害虫的效果。病毒防治技术一般选择多角体病毒、颗粒体病毒、细小病毒等，而最常见的是核型多角体病毒，它能够有效防治蛾类、螟类害虫。部分病毒的致病能力极强，可使害虫大规模死亡，即便是有染病不死的幼虫，当其化蛹之后也难以存活，同时一些能够生长为成虫的害虫体内也会带有病毒，在其产卵过程中会将病毒遗留给下一代。

3. 性信息素诱杀性诱剂技术

主要包括性诱剂和诱捕器，对斜纹夜蛾、棉铃虫、二点委夜蛾等多种害虫诱杀效果较好。作为一种无毒无害、灵敏度高的生物防治技术，性信息素诱杀性诱剂技术具有不杀伤天敌、对环境无污染、群集诱捕、无公害的特点，目前，昆虫发生动态监测方面也可以使用性信息素、性诱剂技术。在一定区域内，通过设置性诱剂诱芯诱捕器，在诱捕灭杀目标雄性昆虫的同时，干扰其正常繁殖活动，降低雌虫的有效落卵量，减少子代幼虫发生量。该技术对环境无任何污染、对人体无伤害，能减少农药使用量。近年来，化学信息素正与天敌昆虫、微生物制剂和植物源杀虫剂一起逐步成为害虫综合防治的基本技术之一。

4. 生物药剂防治技术

广义生物农药是指利用生物产生的天然活性物质或生物活体

本身制作的农药，有时也将天然活性物质的化学衍生物等称作生物农药。长期使用化学农药会导致环境污染，生物农药对环境友好而得到快速发展，并成为未来农药发展的一个重要方向。生物药剂主要是三大类。

（1）植物源农药

在自然环境中易降解、无公害，已成为绿色生物农药首选之一，主要包括植物源杀虫剂、植物源杀菌剂、植物源除草剂及植物光活化毒素等。自然界已发现的具有农药活性的植物源杀虫剂有博落回杀虫杀菌系列、除虫菊素、烟碱和鱼藤酮等。植物源农药中的活性成分主要包括生物碱类、萜类、黄酮类、精油类等，大多属于植物的次生代谢产物，这类次生代谢物质中有许多对昆虫表现出毒杀、行为干扰和生物发育调节作用，因而被广泛用于害虫的防治。例如，黎芦碱对叶蝉有致死作用，鱼藤酮可使害虫细胞的呼吸电子传递链受到抑制，最终可导致其死亡。

（2）动物源农药

主要包括动物毒素、昆虫激素、昆虫信息素等，利用动物体的代谢物或其体内所含有的具有特殊功能的生物活性物质。目前动物源农药数量不如植物源农药多，有的处于研究阶段，例如斑蝥产生的斑蝥素、沙蚕产生的沙蚕毒素，具有毒杀有害生物的活性。昆虫分泌产生的微量化学物质，如蜕皮激素和保幼激素，可以调节昆虫的各种生理过程，杀死害虫或使其丧失生殖能力、为害功能等。昆虫外激素，即昆虫产生的作为种内或种间传输信息的微量活性物质，具有引诱、刺激、防御的功能。

（3）微生物源农药

由细菌、真菌、放线菌、病毒等微生物及其代谢产物加工制成的农药。包括农用抗生素和活体微生物农药两大类。

农用抗生素是由抗生菌发酵产生的具有农药功能的次生代谢

物质，能产生农用抗生素的微生物种类很多，其中以放线菌产生的农用抗生素最为常见，如链霉素、井冈霉素、土霉素等，都是由从链霉菌属中分离得到的放线菌产生的。当前，农用抗生素不仅用作杀菌剂，也用作杀虫剂、除草剂和植物生长调节剂等。例如，用于细菌病害防治的杀菌类抗生素有中生菌素、水合霉素和灭孢素等；用于真菌病害的抗生素种类更多，主要有春雷霉素、井冈霉素、多抗霉素、灭瘟素 S、有效霉素和放线菌酮等；用于杀虫、杀螨的抗生素则有阿维菌素、多杀菌素、杀蚜素、虫螨霉素、浏阳霉素、华光霉素、橘霉素（梅岭霉素）等；还有用于植物病毒防治的三原霉素和天柱菌素，用于除草的双丙氨膦，用作植物生长调节剂的赤霉素、比洛尼素等。

（四）化学防治

化学防治是使用各种有毒化学药剂来防治病、虫、草等有害生物的为害，利用农药的生物活性，将有害生物种群或群体密度压低到经济损失允许水平以下。在使用农药时，需根据药剂、作物与有害生物特点选择施药方法，充分发挥药效，避免药害，尽量减少对环境的不良影响。主要施药方法有以下几种。

1. 喷雾法

利用喷雾器械将药液雾化后均匀喷在植物和有害生物表面，按用液量不同又分为常量喷雾（雾点直径 100~200 微米）、低容量喷雾（雾滴直径 50~100 微米）和超低容量喷雾（雾滴直径 15~75 微米）。农田多用常量和低容量喷雾，两者所用农药剂型均为乳油、可湿性粉剂、可溶性粉剂、水剂和悬浮剂（胶悬剂）等，兑水配成规定浓度的药液喷雾。常量喷雾所用药液浓度较低，用液量较多；低容量喷雾所用药液浓度较高，用量较少（为常量喷雾的 1/20~1/10），工作效率高，但雾滴易受风力吹送飘移。

2. 喷粉法

利用喷粉器械喷撒粉剂，工作效率高，不受水源限制，适用于大面积防治。缺点是耗药量大，易受风的影响，散布不易均匀，粉剂在茎叶上黏着性差。

3. 种子处理

常用的有拌种法、浸种法、闷种法和应用种衣剂包衣。种子处理可以防治种传病害，并保护种苗免受土壤中有害生物侵害，用内吸剂处理种子还可防治地上部病害和害虫。拌种剂（粉剂）和可湿性粉剂用干拌法拌种，乳剂和水剂等液体药剂可用湿拌法，即加水稀释后，喷洒在干种子上，搅拌均匀。浸种法是用药液浸泡种子。闷种法是用少量药液喷拌种子后堆闷一段时间再播种。利用种衣剂进行种子包衣，药剂可缓慢释放，有效期延长。

4. 土壤处理

播种前将药剂施于土壤中，主要防治植物根部病虫害，土表处理是用喷雾、喷粉、撒毒土等方法将药剂全面施于土壤表面，再翻耙到土壤中；深层施药是施药后再深翻或用器械直接将药剂施于较深土层。噻唑膦、阿维菌素、棉隆等杀线虫剂均用穴施或沟施法进行土壤处理。生长期也用撒施法、喷浇法施药，撒施法是将杀菌剂的颗粒剂或毒土直接撒施在植株根部周围。毒土是将乳剂、可湿性粉剂、水剂或粉剂与具有一定湿度的细土按一定比例混匀制成的。撒施法施药后应灌水，以便药剂渗滤到土壤中。喷浇法是将药剂加水稀释后喷浇于植株基部。

5. 熏蒸法

主要是土壤熏蒸，即用土壤注射器或土壤消毒机将液态熏蒸剂注入土壤内，在土壤中成气体扩散。土壤熏蒸后要按规定等待一段较长时间，待药剂充分散发后才能播种，否则易产生药害。

6. 烟雾法

利用烟剂或雾剂防治病害的方法。烟剂系农药的固体微粒（直径 0.001~0.1 微米）分散在空气中起作用，雾剂系农药的小液滴分散在空气中起作用。施药时用物理加热法或化学加热法引燃烟雾剂。烟雾法施药扩散能力强，只在密闭的温室、塑料大棚和隐蔽的森林中应用。

二、大豆主要病虫害防治

（一）大豆霜霉病

1. 症状表现

大豆霜霉病，在气温冷凉地区发生普遍，多雨年份病情加重。叶部发病可造成叶片提早脱落或凋萎，种子霉烂，千粒重下降，发芽率降低。该病为害幼苗、叶片、豆荚及籽粒。最明显的症状是在叶反面有霉状物。病原为东北霜霉，属于鞭毛菌亚门真菌。成株期感病多发生在开花后期，多雨潮湿的年份发病重。

2. 防治方法

1）选用抗病力较强的品种。

2）轮作。针对该菌卵孢子可在病茎、叶上残留在土壤中越冬，实行轮作，减少初侵染源。

3）选用无病种子。

4）种子药剂处理。播种前用种子重量 0.3% 的 90% 乙膦铝或 35% 甲霜灵（瑞毒霉）粉剂拌种。

5）加强田间管理。中耕时注意铲除系统侵染的病苗，减少田间侵染源。

6）化学防治。发病初期开始喷洒 40% 百菌清悬浮剂 600 倍液，或 25% 甲霜灵可湿性粉剂 800 倍液，或 70% 代森锰锌或代森锌 700 倍液，或 58% 甲霜灵·锰锌可湿性粉剂 600 倍液，或 80%

大生-M45可湿性粉剂800倍液，或75%百菌清可湿性粉剂600倍液进行喷雾。对上述杀菌剂产生抗药性的地区，可改用69%安克锰锌可湿性粉剂900~1 000倍液。

上述药剂应注意交替使用，以减缓病菌抗药性的产生。

（二）大豆灰斑病

1.症状表现

大豆叶片出现"蛙眼"状斑，是大豆灰斑病为害所致，大豆灰斑病又叫斑点病、蛙眼病。为低洼易涝区主要病害。该病为害大豆的叶、茎、荚、籽粒，但对叶片和籽粒的为害更为严重，受害叶片可布满病斑，造成叶片提早枯死。病原为大豆尾孢，属于半知菌亚门。一般6月上中旬叶片开始发病，7月中旬进入发病盛期。

2.防治方法

1）农业措施。选用抗病品种、合理轮作避免重茬，收获后及时深翻；合理密植，及时清沟排水。

2）种子处理。用96%天达恶霉灵+天达2116浸拌种专用型拌种。

3）药剂防治。叶片发病后及时施药防治，最佳防治时期是大豆开花结荚期。发病初期用70%甲基硫菌灵可湿性粉剂500~1 000倍液，或50%多菌灵可湿性粉剂500~1 000倍液，或3%多抗霉素600倍液喷雾防治，每隔7~10天喷1次，连续喷2~3次。也可用50%甲基硫菌灵可湿性粉剂600~700倍液，或65%甲霉灵可湿性粉剂1 000倍液，或50%多霉灵可湿性粉剂800倍液，每隔10天左右1次，防治1次或2次。喷药时间要选在晴天6—10时或15—19时，喷后遇雨要重喷。

（三）大豆根腐病

1. 症状表现

大豆根腐病是大豆苗期根部真菌病害的统称。大豆在整个生长发育期均可感染根腐病，造成苗前种子腐烂，苗后幼苗猝倒和植株枯萎死亡。苗期发病影响幼苗生长甚至造成死苗，使田间保苗数减少。成株期由于根部受害，影响根瘤的生长与数量，造成地上部生长发育不良以至矮化，影响结荚数与粒重，从而导致减产。

2. 防治方法

1）选用抗病品种。

2）合理轮作。因大豆根腐病主要是土壤带菌，与玉米、麻类作物轮作能有效预防大豆根腐病。

3）加强田间管理，及时翻耕，平整细耙，雨后及时排除积水防止湿气滞留，可减轻根腐病的发生。

4）播种时沟施甲霜灵颗粒剂，使大豆根吸收可防止根部侵染。

5）播种前用种子重量 0.3% 的 35% 甲霜灵粉剂拌种。

6）喷洒或浇灌 25% 甲霜灵可湿性粉剂 800 倍液，或 58% 甲霜灵·锰锌可湿性粉剂 600 倍液，或 64% 杀毒矾 M8 可湿性粉剂 500 倍液，或 72% 霜脲氰或 72% 霜脲·锰锌可湿性粉剂 700 倍液，或 69% 安克锰锌可湿性粉剂 900 倍液。

7）喷洒植物动力 2003 或多得稀土营养剂。

（四）大豆锈病

1. 症状表现

大豆锈病是大豆的重要病害，主要为害大豆叶片，也可侵染叶柄和茎。以秋大豆发病较重，特别在雨季气候潮湿时发病严重。病原为豆薯层锈，属担子菌亚门的锈菌。全国大豆锈病发病期：冬大豆 3—5 月，春大豆 5—7 月，夏大豆 8—10 月，秋大豆 9—11 月。

2. 防治方法

1）茬口轮作。与其他非豆科作物实行 2 年以上轮作。

2）清洁田园。收获后及时清除田间病残体，带出地外集中烧毁或深埋，深翻土壤，减少土表越冬病菌。

3）加强田间管理。深沟高畦栽培，合理密植，科学施肥，及时整枝；开好排水沟系，使雨后能及时排水。

4）药剂防治。在发病初期开始喷药，每隔 7~10 天喷 1 次，连续喷 1~2 次。药剂可选用 43% 戊唑醇悬浮剂 4 000~6 000 倍液，或 400 克/升氟硅唑乳油 6 000~7 000 倍液，或 80% 大生 M-45 可湿性粉剂 800 倍液，或 15% 三唑酮可湿性粉剂 1 000 倍液等。

（五）大豆细菌性斑点病

1. 症状表现

大豆细菌性斑点病是大豆细菌性病害的统称，包括细菌性斑点病、细菌叶烧病和细菌角斑病，一般以细菌斑点病为害较重。为世界性发生的病害，尤其在冷凉、潮湿的气候条件下发病多，干热天气则阻止发病。主要为害叶片，也为害幼苗、叶柄、豆荚和籽粒。病原为丁香假单胞大豆致病变种，属于细菌。

2. 防治方法

1）农业措施。①与禾本科作物进行 3 年以上轮作。②施用充分沤制的堆肥或腐熟的有机肥。③调整播期，合理密植，收获后清除田间病残体，及时深翻，减少越冬病源数量。④及时拔出病株，深埋处理，用 2% 宁南霉素水剂 250~300 倍液喷洒，视病情每隔 7 天喷施 1 次，共 2~3 次。

2）化学防治。①药剂拌种。播种前用种子重量 0.3% 的 50% 福美双可湿性粉剂拌种。②发病初期喷洒，可用下列药剂：

90%新植霉素可溶性粉剂 3 000~4 000 倍液，或 30%碱式硫酸铜悬浮剂 400 倍液，或 30%琥胶肥酸铜可湿性粉剂 500~800 倍液，或 47%春雷霉素·氧氯化铜可湿性粉剂 600~1 000 倍液，或 12%松脂酸铜乳油 600 倍液，或 1∶1∶200 波尔多液，或 30%碱式硫酸铜悬浮液 400 倍液，均匀喷雾，每隔 10~15 天喷 1 次，视病情可喷 1~3 次。

（六）大豆病毒病

1. 症状表现

大豆病毒病是系统性病害，常导致成株发病。在大豆生产上发生的病毒病种类并不多，但其为害却非常严重，如大豆花叶病毒病一直是大豆生产的重要病害。该病分布非常广泛，普遍发生于各大豆产区。一般大豆病毒侵染大豆后，植株正常营养生长受到破坏，表现为叶片黄化、皱缩，植株矮小、茎枯，单株荚数减少甚至不结荚，籽粒出现褐斑，严重影响大豆的产量与品质。流行年份造成大豆减产 25%左右，严重时减产 95%。

2. 防治方法

1）农业防治。①种子处理。播种前严格选种，清除褐斑粒。适时播种，使大豆在蚜虫盛发期前开花。苗期拔除病苗，及时防治蚜虫，加强田间管理，培育壮苗，提高品种抗病能力。②选育推广抗病毒品种。由于大豆花叶病毒以种子传播为主，且品种间抗病能力差异较大，又由于各地花叶病毒生理小种不一，同一品种种植在不同地区其抗病性也不同，因此，应在明确该地区花叶病毒的主要生理小种基础上选育和推广抗病品种。③建立无病种子田。侵染大豆的病毒，很多是通过种子传播的，因此，种植无病毒种子是最有效的防治途径之一。建立无毒种子田要注意两点：一是种子田四周 100 米范围内无病毒寄主植物；二是种子田出苗后要及时清除病株，开花前再拔除一次病株，经 3~4 年种植即可得到无毒源种子。一级种子的种传率低于 0.1%，商品种子（大田用种）种传率低于 1%。④ 加强种子检疫管理。我国大豆分布广泛，播种季节各不相同，形成的病毒株有差异。品种交换及种子销售均可能引入非本地病毒或非本地的病毒株系，形成各种病毒或病毒株的交互感染，从而导致多种病毒病流行。因此，种子生产及种子管理部门必须提供种传率低于 1% 的无毒种子，种子管理部门和检疫部门应严格把关。

2）防治蚜虫。大豆病毒大多由蚜虫传播，大豆种子田用银膜覆盖或将银膜条间隔插在田间，起避蚜、驱蚜作用，田间发现蚜虫要及时用药剂防治。在迁飞前喷药效果最好，可选用 50% 抗蚜威可湿性粉剂 2 000 倍液，或 2.5% 溴氰菊酯乳油 2 000~4 000 倍液，或 2.5% 高效氯氟氰菊酯乳油 1 000~2 000 倍液，或 2% 阿维菌素乳油 3 000 倍液，或 40% 乐果乳油 1 000~2 000 倍液，或 3% 啶虫脒乳油 1 500 倍液，或 10% 吡虫啉可湿性粉剂 2 500 倍液等于叶面喷施防治。

3）化学防治。在发病重的地区可在发病初期喷洒一些防治病毒病的药剂，以提高大豆植株的抗病性，如 0.5% 菇类蛋白多糖水剂 300 倍液，或 1.5% 植病灵 II 号乳油 1 000 倍液，40% 混合脂肪酸水乳剂 100 倍液，20% 吗胍·乙酸铜可湿性粉剂 500 倍液，5% 菌毒清水剂 400 倍液，或 2% 宁南霉素水剂 100~150 毫升/亩，兑水 40~50 千克喷雾防治，每隔 10 天喷 1 次，连喷 2~3 次。

（七）大豆孢囊线虫病

大豆孢囊线虫病又称大豆根线虫病、萎黄线虫病，俗称"火龙秧子"。

1. 症状表现

大豆孢囊线虫病在大豆整个生育期均可发生，主要是根部受害。根部染病根系不发达，侧根显著减少，细根增多，不结根瘤或稀少。地上部植株矮小、子叶和真叶变黄、花芽簇生、节间短缩，开花期延迟，不能结荚或结荚少。重病株花及嫩荚枯萎、整株叶由下向上枯黄似火烧状，严重者全株枯死。

2. 防治方法

1）选用抗病品种。不同的大豆品种对大豆孢囊线虫有不同程度的抵抗力，应用抗病品种是防治大豆孢囊线虫病的经济有效措施，目前生产上已推广有抗线虫和较耐虫品种。

2）合理轮作。与玉米轮作，孢囊量下降 30% 以上，是行之有效的农业防治措施，此外要避免连作、重茬，做到合理轮作。

3）搞好种子检疫，杜绝带线虫的种子进入无病区。

4）化学防治。可用含有杀虫剂的 35% 多克福大豆种衣剂拌种，然后播种。还可用涕灭威颗粒剂每亩 4 千克，或用 3% 克百威颗粒剂每亩 2~6 千克，在播种前施于行内，湿土效果好于干土，中性土比碱性土效果好，要求用器械施不可用手施，更不可溶于水后手沾药施。

(八) 大豆蚜

大豆蚜是大豆的重要害虫，以成虫或若虫为害大豆。

1. 形态特征

有翅孤雌蚜体长 1.2~1.6 毫米，长椭圆形，头、胸黑色，额瘤不明显，触角长 1.1 毫米；腹部圆筒状，基部宽，黄绿色，腹管基半部灰色，端半部黑色，尾片圆锥形，具长毛 7~10 根，臀板末端钝圆，多毛。

无翅孤雌蚜体长 1.3~1.6 毫米，长椭圆形，黄色至黄绿色，腹部第 1、第 7 节有锥状钝圆形突起；额瘤不明显，触角短于躯体，第 4、第 5 节末端及第 6 节黑色，第 6 节鞭部为基部长的 3~4 倍，尾片圆锥状，具长毛 7~10 根，臀板具细毛。

2. 发生规律

6 月下旬至 7 月中旬进入为害盛期。集中于植株顶叶、嫩叶和嫩茎。吸食大豆嫩枝叶的汁液，造成大豆茎叶卷曲皱缩，根系发育不良，分枝结荚减少。此外还可传播病毒病。

3. 防治方法

1）苗期预防。喷施 35%伏杀磷乳油喷雾，用药量为每亩127 克，对大豆蚜控制效果显著而不伤天敌。

2）生育期防治。根据虫情调查，在卷叶前施药。20%氰戊菊酯乳油 2 000 倍液，在蚜虫高峰前始花期均匀喷雾，喷药量为每亩20 千克；15%唑蚜威乳油 2 000 倍液喷雾，喷药量每亩 10 千克；15%吡虫啉可湿性粉剂 2 000 倍液喷雾，喷药量每亩 20 千克。也可用 40%乐果或氧乐果乳油 50 克，均匀兑入 10 千克湿沙后撒于大豆田间进行防治。

（九）大豆食心虫

大豆食心虫俗称小红虫。

1. 形态特征

成虫体长 5~6 毫米，翅展 12~14 毫米，黄褐色至暗褐色。前翅前缘有 10 条左右黑紫色短斜纹，外缘内侧中央银灰色，有 3个纵列紫斑点。雄蛾前翅色较淡，腹部末端较钝。雌蛾前翅色较深，腹部末端较尖。

幼虫体长 8~10 毫米，初孵时乳黄色，老熟时变为橙红色。

2. 发生规律

以幼虫蛀入豆荚咬食豆粒，每年发生 1 代，以老熟幼虫在地下结茧越冬。翌年 7 月中下旬向土表移动化蛹，成虫在 8 月羽化，幼虫孵化后蛀入豆荚为害。7—8 月降水量较大、湿度大，虫害易于发生。连作大豆田虫害较重。大豆结荚盛期如与成虫产卵盛期相吻合，受害严重。

3. 防治方法

1）选用抗虫品种。

2）合理轮作，秋天深翻地。

3）药剂防治。施药关键期在成虫产卵盛期的 3~5 天后。可喷施 2% 阿维菌素 3 000 倍液，或 25% 灭幼脲 1 500 倍液。其他药剂如敌百虫、S-氯氰菊酯、氯氟氰菊酯、溴氰菊酯等，在常用浓度范围内均有较好防治效果。在食心虫发蛾盛期，用 80% 敌敌畏乳油制成毒杆熏蒸，每亩用药 100 克，或用 25% 敌杀死乳油，每亩用量 20~30 毫升，加水 30~40 千克喷施进行防治，效果好。

（十）大豆红蜘蛛

大豆上发生为害的红蜘蛛是棉红蜘蛛，也叫朱砂叶螨，俗名火龙、火蜘蛛。

1. 形态特征

成螨体长 0.3~0.5 毫米，红褐色，有 4 对足。雌螨体长 0.5 毫米，卵圆形或梨形，前端稍宽隆起，尾部稍尖，体背刚毛细长，体背两侧各有 1 块黑色长斑；越冬雌螨朱红色有光泽。雄螨体长 0.3 毫米，紫红至浅黄色，纺锤形或梨形。

卵直径 0.13 毫米，圆球形，初产时无色透明，逐渐变为黄带红色。

幼螨足 3 对，体圆形，黄白色，取食后卵圆形浅绿色，体背两侧出现深绿色长斑。若螨足 4 对，淡绿色至浅橙黄色，体背出现刚毛。

2. 发生规律

大豆红蜘蛛的成螨、若螨均可为害大豆，在大豆叶片背面吐丝结网并以刺吸式口器吸食液汁。受害豆叶最初出现黄白色斑点，种苗生长迟缓，矮小，叶片早落，结荚数减少，结实率降低，豆粒变小，受害重时，使大豆植株全株变黄，卷缩，枯焦，如同火烧状，叶片脱落甚至成为光秆。

3. 防治方法

1）农业防治。保证保苗率，施足底肥，并要增加磷、钾肥的施入量，以保证苗齐苗壮，增强大豆自身的抗红蜘蛛为害能力；及时除草，防止草荒，大豆收获后要及时清除豆田内杂草，并及时翻耕，整地，消灭大豆红蜘蛛越冬场所；合理轮作；合理灌水，或采用喷灌，可有效抑制大豆红蜘蛛繁殖。

2）药物防治。防治方法按防治指标以挑治为主，重点地块重点防治。可选用20%哒螨灵可湿性粉剂2 000倍液，或24.5%宁南霉素1 500倍液进行叶面喷雾防治。也可用40%乐果或氧乐果乳油50克，均匀兑入10千克湿沙后撒于大豆田间进行防治。

田间喷药最好选择晴天16—19时进行，重点喷施大豆叶片的背面。喷药时要做到均匀周到，叶片正、背面均应喷到，才能收到良好的防治效果。

（十一）大豆根潜蝇

大豆根潜蝇又称潜根蝇、豆根蛇潜蝇等。

1. 形态特征

成虫体长约3毫米，翅展1.5毫米，亮黑色，体形较粗。复眼大，暗红色。触角鞭节扁而短，末端钝圆。翅为浅紫色，有金属光泽。足黑褐色。

卵长约0.4毫米，橄榄形，白色透明。

幼虫体长约4毫米，为圆筒形乳白色小蛆，进而全体呈现浅黄色，半透明；头缩入前腔，口钩为黑色，呈直角弯曲，其尖端稍向内弯。前气门1对，后气门1对，较大，从尾端伸出，与尾轴垂直，互相平行，气门开口处如菜花状。表面有28~41个气门孔。

蛹长 2.5~3 毫米，长椭圆形，黑色，前后气门明显突出，靴形，尾端有两个针状须（后气门）。

2. 发生规律

主要以幼虫为害主根，形成肿瘤以至腐烂，重者死亡，轻者使地下部生长不良，并可引起大豆根腐病的发生。一般 5 月下旬至 6 月下旬气温高，适宜虫害发生，连作、杂草多以及早播的地块为害重。

3. 防治方法

防治原则是在做好预测预报的基础上，尽可能采用生物或物理等方法防除，以减少对环境的污染。

1）农业防治。①深翻轮作。豆田秋季深耕耙茬，深翻 20 厘米以上，能把蛹深埋土中，降低成虫的羽化率；秋耙茬能把越冬蛹露出地表，经冬季低温干旱，使蛹不利羽化而死亡。轮作也可减轻为害。②选用抗虫品种。③适时播种。当土壤温度稳定超过 8℃时播种，播种深为 3~4 厘米，播后应及时镇压，另外适当增施磷、钾肥，增施腐熟的有机肥，促进幼苗生长和根皮木质化，可增强大豆植株抗害能力。④田间管理。科学灌溉，雨后及时排水，防止地表湿度过大。适时中耕除草，施肥，并喷施促花王 3 号抑制主梢旺长，促进花芽分化，同时在花蕾期、幼荚期和膨果期喷施菜果壮蒂灵，可强花强蒂，提高抗病能力，增强授粉质量，促进果实发育。

2）药剂拌种。用 50% 辛硫磷乳油 0.5 千克兑水 20~25 千克，拌大豆种子 250~300 千克，边喷边拌，拌匀后闷 4~6 小时，阴干后即可播种。或种子用种衣剂加新高脂膜拌种。

3）土壤处理。用 3% 克百威颗粒剂处理土壤，每亩用量 1~66 千克，拌细潮土撒施入播种穴或沟内，然后再播大豆种子；播种后及时喷施新高脂膜 800 倍液保温防冻，防止土壤结板，提高出苗率。

4）田间喷药防治成虫。大豆出苗后，每天 16—17 时到田间观察成虫数，如每平方米有 0.5~1 头成虫，即应喷药防治。一般用 40%乐果乳油按种子量 0.7%拌种，成虫发生盛期也可用 80%敌敌畏乳油 1 000 倍液加新高脂膜 800 倍液喷雾。或用 80%敌敌畏缓释卡熏蒸，随后喷施新高脂膜 800 倍液巩固防治效果。

在成虫多发期为 5 月末至 6 月初，大豆长出第一片复叶之前进行第一次喷药，7~10 天后喷第二次。

三、玉米主要病虫害防治

（一）玉米大斑病

1. 症状表现

主要为害玉米的叶片、叶鞘和苞叶。下部叶片先发病，在叶片上先出现水渍状青灰色斑点，然后沿叶脉向两端扩展，形成边缘暗褐色、中央淡褐色或青灰色的大斑，后期病斑常纵裂。严重时病斑融合，叶片变黄枯死。潮湿时病斑上有大量灰黑色霉层。

2. 防治方法

1）农业防治。选用抗病品种；适期早播避开病害发生高峰。

2）药剂防治。在心叶末期到抽雄期或发病初期喷洒 50%多菌灵可湿性粉剂 500 倍液，或 50%甲基硫菌灵可湿性粉剂 600 倍液，或 75%百菌清可湿性粉剂 800 倍液，或 65%代森锌可湿性粉剂 400~500 倍液，隔 10 天防 1 次，连防 2~3 次，可收到一定防治效果。

（二）玉米小斑病

1. 症状表现

玉米整个生育期均可发病，以抽雄、灌浆期发生较多。主要为害叶片，有时也可为害叶鞘、苞叶和果穗。苗期染病初在叶面上产生小病斑，周围或两端具褐色水浸状区域，病斑多时融合在一起，叶片迅速死亡。在感病品种上，病斑为椭圆形或纺锤形，较大，不受叶脉限制，灰色至黄褐色，病斑边缘褐色或边缘不明显，后期略有轮纹。在抗病品种上，出现黄褐色坏死小斑点，有黄色晕圈，表面霉层很少。在一般品种上，多在叶脉间产生椭圆形或近长方形斑，黄褐色，边缘有紫色或红色晕纹圈。有时病斑上有 2~3 个同心轮纹。多数病斑连片，病叶变黄枯死。叶鞘和苞叶染病，病斑较大，纺锤形，黄褐色，边缘紫色不明显，病部长有灰黑色霉层。

2. 防治方法

1）农业防治。选用抗病品种，清洁田园，深翻土地，控制菌源，降低田间湿度，适期早播，合理密植，避免脱肥。

2）药剂防治。发病初期喷洒 75% 百菌清可湿性粉剂 800 倍液，或 25% 苯菌灵乳油 800 倍液，或 50% 多菌灵可湿性粉剂 600 倍液，或 65% 代森锰锌可湿性粉剂 500 倍液。从心叶末期到抽雄期，每 7 天喷 1 次，连续喷 2~3 次。

（三）玉米锈病

1. 症状表现

主要侵害玉米叶片，偶尔为害玉米苞叶和叶鞘。发病初期在叶片基部和上部主脉及两侧散生或聚生淡黄色斑点，后突起形成红褐色疱斑，即病原夏孢子堆。后期病斑形成黑色疱斑，即病原冬孢子堆。发生严重时，叶片上布满孢子堆，造成大量叶片干枯，植株早衰，籽粒不饱满，导致减产。更重时，造成叶片从受害部位折断，全株干枯，减产严重。

2. 防治方法

1）农业防治。种植抗病品种。适当早播，合理密植，中耕松土，浇适量水，合理施肥。

2）药剂防治。在玉米锈病的发病初期用药防治。可用25%三唑酮可湿性粉剂800~1 500倍液，或12.5%烯唑醇可湿性粉剂2 000倍液，或50%多菌灵可湿性粉剂500~1 000倍液，隔10天左右喷1次，连防2~3次。

（四）玉米青枯病

1. 症状表现

在玉米灌浆期开始发病，乳熟末期至蜡熟期进入显症高峰。从始见病叶至全株显症，常见有两种类型。青枯型：又称急性型，叶片自下而上突然萎蔫，迅速枯死，叶片灰绿色、水烫状。黄枯型：又称慢性型，包括自上向下枯死和自下而上枯死两种，叶片逐渐变黄而死，该型多见于抗病品种，发病时期与青枯型相近。

2. 防治方法

1）农业防治。选育和使用抗病品种。增施底肥、农家肥及钾肥、硅肥。平整土地，合理密植，及时防治黏虫、玉米螟和地下害虫。

2）药剂防治。在发病初期喷根茎，可用65%代森锌可湿性粉剂1 000倍液，或50%多菌灵可湿性粉剂500倍液，每隔7~10天喷1次，连治2~3次。

（五）玉米瘤黑粉病

1. 症状表现

玉米整个生长期均可发生，只感染幼嫩组织。苗期发病，常在幼苗茎基部生瘤，病苗茎叶扭曲畸形，明显矮化，可造成植株死亡。成株期发病，叶和叶鞘上的病瘤常为黄、红、紫、灰杂色疮痂病斑，成串密生或呈粗糙的皱折状，在叶基近中脉两侧最多，一般形成冬孢子前就干枯。茎上病瘤大型，常生于各节的基部，多为腋芽受侵后病菌扩展、组织增生、突出叶鞘而成；成熟前白色肉质而富有水分，后变淡灰色或粉红色，最后变成黑褐色。成熟后外膜破裂散出大量黑粉。雄穗抽出后，部分小穗感染常长出长囊状或角状的小瘤，多几个聚集成堆，一个雄穗可长出几个至十几个病瘤。雌穗受害多在上半部或个别籽粒生瘤，病瘤一般较大，常突破苞叶外露。

2. 防治方法

1）农业防治。种植抗病品种。施用充分腐熟有机肥。抽雄前适时灌溉，勿受旱。清除田间病残体，在病瘤未变之前割除深埋。

2）药剂防治。在玉米出苗前地表喷施50%克菌丹可湿性粉剂200倍液，或15%三唑酮可湿性粉剂750~1 000倍液；在玉米抽雄前喷50%多菌灵可湿性粉剂500~1 000倍液，或15%三唑酮可湿性粉剂750~1 000倍液，或12.5%烯唑醇可湿性粉剂750~1 000倍液，防治1~2次，可有效减轻病害。

（六）玉米穗腐病

玉米穗腐病是由多种病原真菌侵染引起的玉米穗部病害的统称，病原主要有串珠镰刀菌、禾谷镰刀菌、青霉菌、曲霉菌、粉红单端孢。该病在我国发生十分普遍，近年来有逐年加重的趋势。

1. 症状表现

玉米穗腐病株的果穗及籽粒均可受害，被侵染的果穗局部或全部变色，出现粉红色、黄绿色、褐色及灰黑色的霉层。病穗无光泽，籽粒不饱满或霉烂秕瘪，苞叶常被病菌侵染，黏结在一起，贴于果穗上不易剥离。

2. 防治方法

选用抗病品种，合理密植，在蜡熟前期或中期剥开苞叶晾晒；药剂防治可用 75%百菌清可湿性粉剂，或 50%多菌灵可湿性粉剂，或 80%代森锰锌可湿性粉剂拌种，减少病原菌的初侵染。玉米抽穗期用 70%甲基硫菌灵可湿性粉剂 800 倍液喷雾，重点喷果穗及下部茎叶。

（七）玉米纹枯病

1. 症状表现

主要为害叶鞘，也可为害茎秆，严重时引起果穗受害。发病初期多在基部 1~2 茎节叶鞘上产生暗绿色水渍状病斑，后扩展融合成不规则形或云纹状大病斑。病斑中部灰褐色，边缘深褐色，由下向上蔓延扩展。穗苞叶染病也产生同样的云纹状斑。严重时根茎基部组织变为灰白色，次生根黄褐色或腐烂。多雨、高湿持续时间长时，病部长出稠密的白色菌丝体，菌丝进一步聚集成多个菌丝团，形成小菌核。

2. 防治方法

1）农业防治。种植抗病品种。秋季深翻土地，合理密植，避免偏施氮肥。

2）药剂防治。发病初期用 1%井冈霉素 0.5 千克/亩，兑水 200 千克，或 50%甲基硫菌灵可湿性粉剂 500 倍液，或 50%多菌灵可湿性粉剂 600 倍液，或 50%三唑酮乳油 1 000 倍液，重点喷玉米基部。

（八）玉米弯孢霉菌叶斑病（又称黄斑病）

1. 症状表现

主要为害叶片，偶尔为害叶鞘。叶部病斑初为水浸状褪绿半透明小点，后扩大为圆形、椭圆形、梭形或长条形病斑，病斑 2~7 毫米，病斑中心灰白色，边缘黄褐或红褐色，外围有淡黄色晕圈，并具有黄褐相间的断续环纹。潮湿条件下，病斑正反两面均可产生灰黑色霉状物，即病原菌的分生孢子梗和分生孢子。感病品种叶片密布病斑，病斑合并后叶片枯死。

2. 防治方法

1）农业防治。选择抗病组合。田间发病较轻的品种材料有农大 108、郑单 14 等。清洁田园，玉米收获后及时清理病株和落叶，集中处理或深耕深埋，减少初侵染来源。

2）药剂防治。调查发病率在 5%～7%，气候条件适宜，有大流行趋势时，应立即喷施杀菌剂进行防治，用 75%百菌清 600 倍液、50%多菌灵 500 倍液喷雾防治。

（九）玉米粗缩病

1. 症状表现

玉米粗缩病病株严重矮化，仅为健株高的 1/3～1/2，叶色深绿，宽短质硬，呈对生状，叶背面侧脉上现蜡白色突起物，粗糙明显。有时叶鞘、果穗苞叶上具蜡白色条斑。病株分蘖多，根系不发达，易拔出。轻者虽抽雄，但半包被在喇叭口里，雌穗败育或发育不良，花丝不发达，结实少，重病株多提早枯死和无收。

2. 防治方法

1）农业防治。在病害重发地区，应调整播期，使玉米对病害最为敏感的生育时期避开灰飞虱成虫盛发期，降低发病率。春播玉米应当提前到 4 月中旬以前播种；夏播玉米则应集中在 5 月底至 6 月上旬为宜。玉米播种前或出苗前大面积清除田间、地边杂草，减少毒源，提倡化学除草。合理施肥、灌水，加强田间管理，缩短玉米苗期时间。

2）药剂防治。玉米播种前后和苗期对玉米田及四周杂草喷 40%氧乐果乳油 1 500 倍液。玉米苗期喷洒 15%病毒必克可湿性粉剂 500～700 倍液。也可在灰飞虱传毒为害期，尤其是玉米 7 叶期前喷洒 2.5%扑虱蚜乳油 1 000 倍液或 40%氧乐果 1 500 倍液喷雾防治，隔 6～7 天喷 1 次，连喷 2～3 次。

（十）玉米褐斑病

1. 症状表现

主要为害叶片、叶鞘和茎秆，叶片与叶鞘相连处易染病。叶片、叶鞘染病后病斑圆形至椭圆形，褐色或红褐色，病斑易密集成行，小病斑融合成大病斑，病斑四周的叶肉常呈粉红色，后期病斑表皮易破裂，散出褐色粉末，即病原菌的休眠孢子。

2. 防治方法

1）农业防治。收获后彻底清除病残体，及时深翻。选用抗病品种。适时追肥、中耕锄草，促进植株健壮生长，提高抗病力。栽植密度适当，提高田间通透性。

2）药剂防治。用34%卫福1千克拌玉米种133千克，有较高防效。必要时在玉米10~13叶期喷洒20%三唑酮乳油3 000倍液，或50%苯菌灵可湿性粉剂1 500倍液。

（十一）玉米矮花叶病毒病（即叶条纹病）

1. 症状表现

黄绿条纹相间，出苗7叶易感病，发病早、重病株枯死，损失90%~100%，全生育期均能感病，苗期发病为害最重，出穗后轻，病菌最初侵染心叶基部，细脉间出现椭圆形褪绿小斑点，断续排列，呈典型的条点花叶状，渐至全叶，形成明显黄绿相间退绿条纹，叶脉呈绿色。该病以蚜虫传毒为主，越冬寄主是多年生禾本科杂草。

2. 防治方法

1）农业防治。因地制宜，合理选用抗病品种，在田间尽早识别并拔除病株。适期播种和及时中耕锄草，可减少传毒寄主，减轻发病。

2）药剂防治。在传毒蚜虫迁入玉米田的始期和盛期，及时喷洒50%氧乐果乳油800倍液加50%抗蚜威可湿性粉剂3 000倍液，或10%吡虫啉可湿性粉剂2 000倍液。

（十二）玉米螟

玉米螟又称钻心虫，属鳞翅目螟蛾科，我国以亚洲玉米螟为主，欧洲玉米螟仅在新疆、河北、内蒙古及宁夏的部分地区发生。

1. 形态特征

成虫体长 10~13 毫米，黄褐色蛾子。卵扁椭圆形，鱼鳞状排列成卵块，初产乳白色，半透明，后转黄色，表具网纹，有光泽。幼虫头和前胸背板深褐色，体背为淡灰褐色、淡红色或黄色等。蛹黄褐至红褐色，臀棘显著，黑褐色。

2. 发生规律

玉米螟在东北及西北地区 1 年发生 1~2 代，黄淮、华北平原及西南地区 1 年发生 2~4 代，江汉平原 1 年发生 4~5 代，广东、广西及台湾 1 年发生 5~7 代。玉米螟以老熟幼虫在寄主被害部位及根茎内越冬。成虫昼伏夜出，有趋光性。成虫将卵产在玉米叶背中脉附近，每个卵块 20~60 粒，每雌可产卵 400~500 粒。卵期 3~5 天，幼虫 5 龄，历期 17~24 天。初孵幼虫有吐丝下垂习性，并随风扩散或爬行扩散，钻入心叶内啃食叶肉，只留表皮。1~3 龄幼虫群集在心叶喇叭口及雄穗中为害，幼虫 4~5 龄开始向下转移，蛀入雌穗，影响雌穗发育和籽粒灌浆。幼虫老熟后，即在玉米茎秆、苞叶、雌穗和叶鞘内化蛹，蛹期 6~10 天。玉米螟发生适宜的温度为 16~30℃，相对湿度在 80% 以上。长期干旱，会使螟蛾卵量减少。

3. 防治方法

1）农业防治。处理秸秆，降低越冬幼虫数量。

2）生物防治。在玉米螟产卵始期，释放赤眼蜂 2~3 次，每亩释放 1 万~2 万头；也可每亩用每克含 100 亿以上孢子的 Bt 乳剂 200 毫升，按药、水、干细沙比率为 0.4∶1∶10 配制成颗粒剂，丢或撒施于玉米植株心叶内；还可用白僵菌封垛，每立方米秸秆用菌粉

（每克含孢子 50 亿~100 亿）100 克，在玉米螟化蛹前喷施于垛上。

3）化学防治。心叶末期虫伤叶株率达 10%，穗期虫穗率达 10%或百穗花丝有虫 50 头时，进行普治，选用 3.6%杀虫双颗粒剂，每亩用量 1 千克，或用毒死蜱、氯氰菊酯每亩 350~500 克丢施在叶鞘内。

（十三）玉米蚜虫

玉米蚜虫，又叫玉米蜜虫、腻虫等。

1. 形态特征

无翅孤雌蚜体长卵形，若蚜体深绿色，成蚜为暗绿色，披薄白粉，附肢黑色，复眼红褐色，触角 6 节，体表有网纹。腹管长圆筒形，端部收缩，腹管具覆瓦状纹，基部周围有黑色的晕纹；尾片圆锥状，具毛 4~5 根。有翅孤雌蚜长卵形，体深绿色，头、胸黑色发亮，复眼为暗红褐色，腹部黄红色至深绿色；触角 6 节比身体短；腹部 2~4 节各具 1 对大型缘斑；翅透明，前翅中脉分为二叉，足为黑色；腹管为圆筒形，端部呈瓶口状，暗绿色且较短；尾片两侧各着生刚毛 2 根卵椭圆形。

2. 发生规律

玉米蚜在我国玉米种植区年发生 20 代左右，冬季以成蚜、若蚜在禾本科植物的心叶里越冬。翌年 3—4 月随气温上升，开始活动，4 月底至 5 月上旬，玉米蚜产生大量有翅迁飞成蚜，迁往春玉米、高粱田繁殖为害。以成蚜、若蚜群集于叶片、嫩茎、花蕾、顶芽等部位刺吸汁液，使叶片皱缩、卷曲、畸形。在为害的同时分泌"蜜露"，在叶面形成一层黑色霉状物，影响作物的光合作用，导致减产。此外，还能传播玉米矮花叶病毒病。

3. 防治方法

1）及时清除杂草，截断虫源。在玉米播后，玉米生长中要勤中耕除草，特别是夏玉米要及时清除田地周围的杂草，将除掉的杂草等带出田外处理，能减少发生，有效地截断虫源。

2）选用抗虫品种、有包衣的良种。有些品种自身有抗虫性，所以在选择品种时，将品种的抗逆性作为一个重要的因素考虑，抗逆性差的品种，产量表现再高，最好也不要选择使用。另外，经过药物处理的种子，能有效控制蚜虫的发生，在购买玉米种子时尽量选经过药、肥处理带有包衣的品种。

3）追肥时带药。为起到良好的预防效果，可在玉米追肥时加入适量吡虫啉或噻虫嗪颗粒剂。为避免产生药害，要注意用量。噻虫嗪药肥效果也较好，可直接购买按要求直接施用。也可在喇叭口期，使用噻虫嗪颗粒丢心防治。

4）化学防治。目前防治玉米蚜虫药物很多，主要有啶虫脒、氯氟氰菊酯、吡虫啉、噻虫嗪等药物，主要选低残留、低毒、高效的药物，盛发期可喷 2 次，间隔 5~7 天。在每百株有蚜虫 2 000 头时，按说明书要求喷施玉米叶片。

（十四）玉米蓟马

蓟马是玉米苗期害虫，主要有玉米黄蓟马、禾蓟马、稻管蓟马，个体小，会飞善跳。

1. 形态特征

雌成虫分长翅型、半长翅型和短翅型。体小，暗黄色，胸部有暗灰斑。前翅灰黄色，长而窄，翅脉少但显著，翅缘毛长。半长翅型翅长仅达腹部第 5 节，短翅型翅略呈长三角形的芽状。卵肾形，乳白至乳黄色。若虫体色乳青色或乳黄色，体表皱褶有横排隆起颗粒。蛹或前蛹（即第三龄着虫）体淡黄色，有翅芽为淡白色，蛹快羽化时呈褐色。

2. 发生规律

玉米蓟马以成虫、若虫群集在玉米新叶内锉吸叶片汁液或表皮，叶片受害后，出现断续的银白色斑点，并伴有小污点，严重时植株生长心叶扭曲，叶片不能展开，使叶片长成牛尾巴状的畸形叶，甚至造成烂心，对玉米的正常生长造成很大影响。防治指标为虫株率 5%或百株虫量 30 头。

3. 防治方法

1）农业防治。结合田间定苗，拔除虫苗，带出田外，减少其传播蔓延。清除田间地头杂草，防止杂草上的蓟马向玉米幼苗上转移。增施苗肥，适时浇水，促进玉米早发，营造不利于蓟马发生的环境，以减轻其为害。

2）化学防治。防治玉米蓟马可选用 10%吡虫啉可湿性粉剂每亩 15~20 克加 4.5%高效氯氰菊酯乳油每亩 20~30 毫升，兑水 30 千克进行常规喷雾，对卷成牛尾巴状的畸形苗，从顶部掐掉一部分，促进心叶展出。喷药时，注意喷施在玉米心叶内和田间、地头杂草上，还可兼治灰飞虱。施药时间选择 10 时前或 15 时后，避开高温，以免造成药害。

（十五）黏虫

黏虫，又称东方黏虫、行军虫、夜盗虫、剃枝虫、五彩虫、麦蚕等，属鳞翅目夜蛾科。

1. 形态特征

幼虫：幼虫头顶有"八"字形黑纹，头部褐色、黄褐色至红褐色，2~3 龄幼虫黄褐色至灰褐色，或带暗红色，4 龄以上的幼虫多是黑色或灰黑色。身上有 5 条背线，所以又叫五色虫。腹足外侧有黑褐纹，气门上有明显的白线。蛹红褐色。

成虫：体长 17~20 毫米，淡灰褐色或黄褐色，雄蛾色较深。前翅有两个土黄色圆斑，外侧网斑的下方有一小白点，白点两侧各有一小黑点，翅顶角有 1 条深褐色斜纹。

卵：馒头形，稍带光泽，初产时白色，颜色逐渐加深，将近孵化时黑色。

2. 发生规律

玉米黏虫幼虫暴食玉米叶片，严重发生时，短期内吃光叶片，造成减产甚至绝收。为害症状主要以幼虫咬食叶片。1~2龄幼虫取食叶片造成孔洞，3龄以上幼虫为害叶片后呈现不规则的缺刻。严重发生时将玉米叶片吃光，只剩叶脉，造成严重减产，甚至绝收。当一块田玉米被吃光，幼虫常成群列纵队迁到另一块田为害，故又名"行军虫"。一般地势低、玉米植株高矮不齐、杂草丛生的田块受害较重。

降水多、土壤及空气湿度大等气象条件非常利于黏虫的发生为害。发生规律乱、无滞育现象，只要条件适宜，可连续繁育。世代数和发生期因地区、气候而异。玉米黏虫为杂食性暴食害虫，为害最严重。

3. 防治方法

1）物理防治。采用草把、糖醋盒、黑光灯等诱杀成虫，压低虫口。

2）化学防治。当百株玉米虫口达30头时，在幼虫3龄前，每亩用2.5%敌百虫可溶粉剂2千克，或50%辛硫磷乳油1 500倍液，或80%敌敌畏乳油1 000倍液，均匀喷雾。

第四节　常见杂草防除技术

一、大豆玉米田杂草类型及特点

（一）大豆田常见杂草类型及特点

1. 杂草类型

大豆田杂草种类很多，经常发生且造成为害导致作物减产的有20多种，其中一年生禾本科杂草有稗草、野燕麦、马唐、狗尾草、金狗尾草、野黍等；一年生阔叶杂草有鸭跖草、柳叶刺蓼、酸模叶蓼、卷茎蓼、反枝苋、藜、小藜、香薷、水棘针、狼把草、龙葵、苘麻、铁苋菜、苍耳、野西瓜苗等；多年生阔叶杂草有刺儿菜、大刺儿菜、苣荬菜、蒿属等；多年生禾本科杂草有芦苇等。

2. 杂草为害特点

大豆是中耕作物，行距比较宽，从苗时到封垄期，杂草不断发生，前期以一年生早春杂草占优势，6月上旬以一年生晚春杂苍耳、鸭跖草、稗草为优势种，同时大豆苗间杂草一直到封垄后发生在大豆田间造成为害，特别是稗草、鸭跖草、酸模叶蓼、卷茎蓼、反枝苋、藜、狼把草、龙葵、苘麻、铁苋菜、苍耳、刺儿菜、问荆、苣荬菜、芦苇等生长旺盛，株高超过大豆时为害更严重。

3. 杂草种群变化

杂草种群以越冬型、早春型和春夏发生型混生杂草为主，杂草种群在不断演变，由于近年轮作制度的改变，栽培措施和防除措施的影响，使大豆田杂草种群变化明显。大豆重迎茬种植比例加大，在迎茬和正茬的大豆田内，其杂草主要是禾本科和阔叶杂草构成的群落，重茬大豆田内，其阔叶杂草较禾本科发生严重，并随着连作年限的延长，恶性杂草鸭跖草、苣荬菜和刺儿菜等为害加重，形成以阔叶杂草占优势的杂草种群；同时大豆田杂草种群与耕作措施有关，深松耙地的深浅、整地质量的好坏，以及起垄时间的早晚等也影响其种群的变化，由于连年耙茬，苣荬菜、刺儿菜地下茎长；杂草的群落与土地开垦的年限和植被有关，持续种植，其杂草群落也将发生变化。杂草发生的种类多、数量大、为害重。人均耕地多，管理较粗放，若上一年管理不善，下一年杂草发生量则加倍；大豆播后，降水量大，杂草萌发整齐，此时杂草对大豆为害严重。

（二）玉米田常见杂草类型及特点

1. 杂草类型

玉米田杂草发生普遍，种类繁多，主要有稗草、马唐、牛筋草、反枝苋、藜、苋、马齿苋、铁苋菜、刺儿菜、田旋花、苍耳等。春播发生的杂草与夏播略有不同，春播田以多年生杂草、越年生杂草和早春型杂草为主，如打碗花、田旋花、苣荬菜、芥菜、藜、蓼等；夏播田以一年生禾本科杂草和晚春型杂草为主，如稗草、马唐、狗尾草、牛筋草、反枝苋、马齿苋等。玉米田其他杂草发生量相对较小的杂草有藜、蓼、莎草、田旋花、田蓟、早熟禾、苘麻、龙葵、苣荬菜、荞麦蔓等。

2. 杂草为害特点

春玉米田发生的杂草有 2 个高峰期，5 月以阔叶杂草为主，6—7 月以禾本科为主，特别在玉米的苗期杂草为害严重，中后期杂草对玉米的生长影响比较小。玉米田杂草生命力极其旺盛，吸收肥水能力强，抗逆性强，适应能力极强，不分土质，一般杂草具有成熟早、不整齐、出苗期不统一等特点，不利于防治，并且很多杂草能死而复生，尤其是多年生杂草，如人工拔除马齿苋后在田间暴晒 3 天，遇雨仍可恢复生长，香附子的根深，如不将地下茎捡出田外，在田间晒 30 天后，遇合适条件仍可发芽。此外，杂草还具有惊人的繁殖能力，绝大多数杂草的结实数是作物的几倍、几百倍甚至上万倍。根据调查总结发现，田间杂草发生为害越来越严重，某些杂草同时产生了抗性，单一除草剂已不能抑制其发生、发展。一般造成减产一至两成，严重的减产三至五成以上。

3. 杂草种群变化

玉米主产区如河北、河南、山东、陕西等省的玉米种植方式播种面积逐年减少，而套种免耕、贴茬播种面积逐年增加，使用玉米田土壤处理除草剂处理的效果不佳。使玉米田杂草群落发生了变化；土壤除草剂的除草效果与土壤湿度密切相关，土壤干燥时的除草效果大大降低，而我国春玉米的主要产区辽宁、吉林、黑龙江、内蒙古4省（区）几乎是十年九旱，而且春玉米播种时，经常刮风，药土层极易被风刮去。土壤干旱时，土壤处理剂的除草效果很难很好发挥，导致玉米田间杂草群落变化复杂。莠去津及其混剂在玉米田的长期单一使用，诱发了多种杂草的抗性。长期使用阿特拉津的玉米田，马唐对其抗药性上升；在长期使用百草枯（现已禁用）的地区，通泉草表现出明显抗性。

二、大豆玉米带状复合种植区杂草防除技术

出苗后1~2周为杂草竞争临界期，为防除关键时期。

（一）芽前封闭除草

1. 大豆玉米带状套作种植区

玉米播后芽前，可选用96%精异丙甲草胺乳油60~80毫升/亩，进行封闭除草。如果玉米行间杂草较多，在播大豆前4~7天，先用微耕机灭茬后，再选用50%乙草胺乳油150~200毫升/亩+41%草甘膦水剂100~150毫升/亩，兑水40千克/亩，通过背负式喷雾器定向喷雾，注意不要将药液喷施到玉米茎叶上，以免发生药害。如果玉米行间杂草较少，可用微耕机灭茬后直接播种大豆。

2. 大豆玉米带状间作种植区

对于以禾本科杂草为主的田块，选用96%精异丙甲草胺乳油80~100毫升/亩进行防除；对于单子叶、双子叶杂草混合为害的田块，播后芽前选用96%精异丙甲草胺乳油50~80毫升/亩+50%嗪草酮可湿性粉剂20~40克/亩，兑水40千克/亩，均匀喷雾。

对于黄淮海流域大豆玉米间作种植区，因酰胺类、精喹禾灵等药剂对阔叶杂草和莎草科杂草防效差，可选用33%二甲戊灵乳油100毫升/亩+24%乙氧氟草醚乳油10~15毫升/亩，兑水45~60千克/亩，均匀喷雾。

对于西北地区整地较早、阔叶杂草已出苗的田块，在播后芽前，可选用96%精异丙甲草胺乳油50~80毫升/亩+15%噻吩磺隆可湿性粉剂8~10克/亩，兑水45~60千克/亩，均匀喷雾。在土壤干旱条件下施药要加大用水量，有灌溉条件的地方可先灌水后施药。

（二）苗后定向除草

播后芽前未施用封闭除草剂或芽前除草效果不好的田块，在玉米、大豆苗后早期应及时补施茎叶除草剂。

选用除草剂不恰当或施用过量易导致植株出现药害，叶片表现为失绿、黄化、卷曲、畸形，甚至焦枯、死亡等症状。科学及时采取补救措施至关重要。如果药害症状较轻，应加强肥水管理，喷施叶面肥、生长调节剂（如赤霉素、芸薹素内酯）等，以减轻药害；如果药害严重，应及时补种，且适当增加播种深度。

喷药时间：一般应在大豆1~2片复叶期对大豆行定向喷施除草剂，玉米带定向喷施茎叶除草剂的最佳施药时期为5~6叶期。过早或过晚均易发生药害或降低药效；施药过迟，温度高，易发生药害。在杂草萌发出苗高峰期以后，即大部分禾本科杂草2~4叶期和阔叶杂草株高3~5厘米时施药，能保证较好的除草效果。

主要药剂与剂量：在玉米2~4叶期可选用75%噻吩磺隆0.7~1克/亩，或96%精异丙甲草胺乳油50~80毫升/亩+20%氯氟吡氧乙酸异辛酯乳油100~150毫升/亩，或4%烟嘧磺隆悬浮剂 75~100 毫升/亩 +20% 氯氟吡氧乙酸异辛酯乳油 100~150 毫升/亩，兑水 40 千克/亩，定向喷雾。

对于前期封闭除草未能防除的香附子、田旋花、小蓟等，可在玉米 5~7 叶期选用 56%2-甲-4-氯钠盐可溶性粉剂 80~120 克/亩，或 20% 氯氟吡氧乙酸乳油 30~50 毫升/亩，兑水 30 千克/亩，定向喷施。

大豆玉米带状套作田块，玉米 8 叶期后，株高已超过 60 厘米，茎基部紫色老化后，可选用 41% 草甘膦水剂 100 毫升/亩，兑水 40 千克/亩进行除草；如果田间杂草未封地面，也可选用 96% 精异丙甲草胺乳油 50~80 毫升/亩 +41% 草甘膦水剂 100~150 毫升/亩 +20% 氯氟吡氧乙酸异辛酯乳油 100~150 毫升/亩，兑水 40 千克/亩，定向喷施。

大豆苗期以禾本科杂草为主，可选用 25% 氟磺胺草醚水剂 80~100 克，或 10% 精喹禾灵乳剂 20 毫升混 25% 氟磺胺草醚 20 克，或 5% 精喹禾灵乳油 50~75 毫升/亩，或 24% 烯草酮乳油 20~40 毫升/亩，或 10.8% 高效吡氟氯禾灵乳油 20~40 毫升/亩，兑水 30 千克/亩，定向喷施。

对于杂草较少或雨后大量发生前，可选用 5% 精喹禾灵乳油 50~75 毫升/亩 +72% 异丙甲草胺乳油 100~150 毫升/亩，或 5% 精喹禾灵乳油 50~75 毫升/亩 +96% 精异丙甲草胺乳油 50~80 毫升/亩，或 5% 精喹禾灵乳油 50~75 毫升/亩 +33% 二甲戊乐灵乳油 100~150 毫升/亩，或 24% 烯草酮乳油 20~40 毫升/亩 +50% 异丙草胺乳油 100~200 毫升/亩，兑水 30 千克/亩，定向喷施。对于田间大量发生的狗尾草、稗草等禾本科杂草，苍耳、铁苋菜、反枝苋等阔叶杂草，可选用 5% 精喹禾灵乳油 50~75 毫升/亩 +25% 氟磺胺草醚水剂 50~80 毫升/亩，或 24% 烯草酮乳油 20~50 毫升/亩 +25% 氟磺胺草醚水剂 40~60 毫升/亩，兑水 30 千克/亩，定向喷施。

　　喷药机具与方法：针对作物对除草剂的选择性差异，需要采用自走式双系统分带喷雾机。当然，也可选用生产常用的自走式喷雾机，然后在喷雾装置上增设塑料薄膜等分隔装置来实现分带喷施除草剂。

第八章 大豆玉米带状复合种植收获技术

第一节 收获时期的确定

一、大豆收获时期的确定

(一) 大豆成熟期的划分

大豆的成熟期一般可划分为生理成熟期、黄熟期、完熟期3个阶段。

1. 生理成熟期

大豆进入鼓粒期以后，大量的营养物质向种子中运输，种子中干物质逐渐增多，当种子的营养物质积累达到最大值时，种子含水量开始减少，植株叶色变黄，此时即进入生理成熟期。

2. 黄熟期

当种子水分减少到18%～20%时，种子因脱水而归圆，从植株外部形态看，此时叶片大部分变黄，有时开始脱落，茎的下部已变为黄褐色，籽粒与荚皮开始脱离，即为大豆的黄熟期。

3. 完熟期

植株叶子大部分脱落，种子水分进一步减少，茎秆变褐色，叶柄基本脱落，籽粒已归圆，呈现本品种固有的颜色，摇动植株时种子在荚内发出响声，即为完熟期。

以后茎秆逐渐变为暗灰褐色，表示大豆已经成熟。

（二）适期收获的标准

大豆对收获时间的要求很严格，收获过早或过晚对产量、品质皆有不利影响。收获过早，籽粒尚未充分成熟，百粒重、蛋白质和油分的含量均低，在进行机械收获时还会因茎秆含水量高，造成泥花粒增多，影响外观品质；收获太晚，籽粒失水过多，会造成大量炸荚掉粒。

一般情况下，大豆黄熟期收获最为适宜，但由于此时籽粒含水量较高，要注意防止霉变。完熟期过后进行收获，虽然对脱粒和贮藏有好处，但由于成熟过度，往往炸荚严重，造成产量损失。

成熟时期遇干旱的地区和年份，可以适当早收，黄熟期即可收获；成熟期降水较多的地区和年份，要适当晚收，以降低收获、晾晒、脱粒的难度。人工收获应在黄熟末期进行，以大豆叶片脱落80%、豆粒开始归圆为标准开始收获；机械收获应在完熟初期进行，以叶片全部脱落，籽粒呈品种固有形状和色泽为标准开始收获。

（三）促进大豆早熟的方法

1. 排水促生长

在7—8月期间，很多地区都是处于雨季，有时降水量会特别大，雨水过多会对大豆造成不同程度的影响，尤其是低洼地势的地块，极易发生沤根现象，严重影响到大豆品质和产量。所以对于易发生内涝的低洼地势，要及时进行排水降渍处理，可以采取机械排水和挖沟排水等措施，及时排除田间积水和耕层滞水。另外在排水后及时扶正，培育植株，将表层的淤泥洗去，促使大豆尽快恢复正常生长。

2. 熏烟防霜

大豆生长后期，要随时密切关注天气的变化，当进入秋季以后，气温下降，尤其是夜间温度较低，尤其在凌晨 2—3 时，当气温降至作物临界点 1~2℃ 时，可以采取人工熏烟的方法防早霜。在未成熟的大豆地块上的上风口，可以将秸秆、杂草点燃，使其慢慢地熏烧，这样地块就会形成一层烟雾，能提高地表温度 1~2℃，极好地改善田间小气候，降低霜冻带来的危害。熏烟要分布均匀，尽量保证整个田间有烟雾笼罩，另外用红磷等药剂在田间燃烧，也有防霜的效果。但要注意防火。

3. 喷肥促熟

在大豆花荚期喷施叶面肥能加快大豆生长发育，促使其早熟，一般喷施的叶面肥是尿素加磷酸二氢钾，每亩可以用尿素 350~700 克加磷酸二氢钾 150~300 克。按照土壤缺素情况可增施微肥，一般亩用钼酸铵 25 克、硼砂 100 克兑水喷施，可在花荚期 16 时后喷施 2~3 次。有条件的还可以喷施芸薹素和矮壮素等生长调节剂，不仅能为植株提供一份营养物质，还能有效增加植株的抗逆性和抗寒能力。另外，及时拔除杂草，增加田间的通透性，也能促进大豆早熟。

二、玉米收获时期的确定

（一）玉米成熟期的划分

玉米的成熟期一般可划分为乳熟期、蜡熟期、完熟期 3 个阶段。

1. 乳熟期

自乳熟初期至蜡熟初期为止。一般中熟品种需要 20 天左右，即从授粉后 16 天开始到 35~36 天止；中晚熟品种需要 22 天左右，从授粉后 18~19 天开始到 40 天前后；晚熟品种需要 24 天左右，从授粉后 24 天开始到 45 天前后；此期各种营养物质迅速积累，籽粒干物质形成总量占最大干物重的 70%~80%，体积接近最大值，籽粒水分含量在 70%~80%。由于长时间内籽粒呈乳白色糊状，故称为乳熟期。可用指甲划破，有乳白色浆体溢出。

2. 蜡熟期

自蜡熟初期到完熟以前。一般中熟品种需要 15 天左右，即从授粉后 36~37 天开始到 51~52 天止；中晚熟品种需要 16~17 天，从授粉后 40 天开始到 56~57 天止；晚熟品种需要 18~19 天，从授粉后 45 天开始到 63~64 天止。此期干物质积累量少，干物质总量和体积已达到或接近最大值，籽粒水分含量下降到 50%~60%。籽粒内容物由糊状转为蜡状，故称为蜡熟期。用指甲划时只能留下一道划痕。

3. 完熟期

蜡熟后干物质积累已停止，主要是脱水过程，籽粒水分降到 30%~40%。胚的基部达到生理成熟，去掉尖冠，出现黑层，即为完熟期。完熟期是玉米的最佳收获期；若进行茎秆青贮时，可适当提早到蜡熟末期或完熟初期收获。完熟期后若不收获，这时玉米茎秆的支撑力降低，植株易倒折，倒伏后果穗接触地面引起霉变，而且也易遭受鸟虫为害，使产量和质量降低。

（二）适期收获的标准

正确掌握玉米的收获期，是确保玉米优质高产的一项重要措施。

玉米是否进入完熟期，可从外观特征上观察：植株的中下部叶片变黄，基部叶片干枯，果穗苞叶呈黄白色且松散，籽粒变硬，并呈现本品种固有的色泽。

夏玉米苞叶发黄大多在授粉后 40 天左右，根据夏玉米籽粒灌浆速度的测定，此时仍处于夏玉米直线灌浆期，这时的粒重仅是最终粒重的 90%，在苞叶发黄时收获势必降低夏玉米产量。苞叶发黄是一个量变过程，不能作为夏玉米成熟的定量标准。

夏玉米的收获适期以完熟初期到完熟中期为宜，这时果穗苞叶松散，籽粒内含物已经完全硬化，指甲不易掐破。籽粒表面具有鲜明的光泽，靠近胚的基部出现黑色层。籽粒上部淀粉充实部分呈固体状，与下部未充实的乳状间有一条明显的线，胚的背面看非常明显，称为"乳线"。随着灌浆的进行，乳线逐渐下移，在授粉48天左右乳线基本消失，达到成熟。

确定夏玉米成熟的标准有以下几方面：①在正常年景，玉米授粉后50天左右，灌浆期所需有效积温已经足够时；②籽粒黑色层和乳线消失后；③果穗苞叶变黄后7~10天；④籽粒已硬化并呈现该品种固有的光泽时；⑤籽粒含水率一般在30%左右。

（三）促进玉米早熟的方法

在夏玉米生育期内，常常出现阴雨、低温、寡照等不利自然气候条件，给玉米生产带来较大影响。主要表现在：一是生育期拖后；二是影响玉米授粉，秃尖、少粒现象时有发生，玉米的产量及质量下降；三是由于降水增多，低洼地块遭内涝，使根系生长不良；四是玉米生长发育不良，穗位明显上移，抗倒伏能力减弱；五是草荒严重。因此，针对不利的气候条件，应立即采取有效的技术措施，促进玉米早熟，确保玉米有一个良好的收成。促进玉米早熟的方法如下。

1. 延长后期叶片寿命

保证后期茎叶的光合面积和光合强度，是提高光能利用率的一个重要环节。影响后期叶片寿命的关键是肥水和病虫草害。

（1）玉米开花期

可喷洒0.3%磷酸二氢钾加2%尿素及硼、锌微肥混合液（亩用1.5千克尿素加250克磷酸二氢钾，兑水50千克），促进玉米籽粒的形成，提高抗逆性，提早成熟。

（2）及时防治病、虫、草害

做好黏虫、玉米蚜虫和玉米螟的生物防治，减轻病虫草对玉米的为害程度，提高光能利用率，以减少玉米损失。

2. 隔行去雄

玉米去雄是一项简单易行的增产措施。农民有"玉米去了头，力气大如牛"的说法。玉米去雄的好处：①可将雄穗开花所需的养分和水分，转而供应给雌穗生长发育需要；②减轻玉米上部重量，有利于防止倒伏；③雄花在植株顶部，去掉一部分雄花，防止遮光，有利于玉米光合作用，特别是密度过大时去雄更为重要。

去雄方法：一般单作玉米品种可去 2 行留 1 行，间作玉米可去 1 行留 1 行。

去雄的原则：在保证充足授粉的前提下，去雄垄越多越好。去雄最适宜的时期是雄穗刚抽出、手能握住时，授粉结束后余下的雄穗全部去掉。

3. 除去无效株和果穗

应及时除去第二、第三果穗，依靠单穗增产，这样既可使有效养分集中供应主穗，又能促进早熟。玉米掰小棒的方法：当小棒刚露出叶鞘时，用竹扦小刀划开叶鞘掰除；注意不要伤害茎叶。同时，将不能结穗的植株、病株拔除。此法既节水省肥，又有利于通风透光。

4. 人工辅助授粉

玉米雌穗花丝抽出一般比雄穗开花晚 3~5 天。在玉米开花授粉期间，如遇到低温阴雨等不利天气，授粉不良，易造成缺粒秃尖。因此，对授粉不好的地块或植株，要进行人工辅助授粉，以提高玉米结实率，减少秃尖。人工辅助授粉要选择玉米盛花期进行。工作时，可用硫酸纸袋采集多株花粉混合后，分别给授粉不好的植株授粉。

5. 及时清除杂草

在玉米灌浆后期及时拔除杂草，会促进土壤通气增温，有利于微生物活动和养分分解，促进玉米根系呼吸和吸收养分，防止叶片早衰，使玉米提早成熟。但在田间作业时，要防止伤害叶片和根系。

6. 站秆扒皮晒

玉米蜡熟后，站秆扒开玉米果穗苞叶，可促进玉米籽粒脱水，促进早熟。

7. 适时晚收

玉米后熟性较强，收获后植株茎叶中营养物质还在向籽粒中运输，增加粒重。因此，玉米提倡适时晚收。一般应在 10 月 5 日以后收获，这是一项不增加成本的增产措施。

第二节　收获模式

大豆玉米收获是保证大豆玉米丰产丰收的重要环节。收获的质量关系到大豆玉米产量损失和大豆玉米的外观品质与化学品质。在大豆玉米带状复合种植中，大豆玉米成熟顺序不同，其所对应的机械收获模式也不一样，有玉米先收、大豆先收和大豆玉米同时收 3 种模式。

一、玉米先收模式

适用于玉米先于大豆成熟的区域，主要分布在西南套作区及华北间作区。该模式通过窄型两行玉米联合收获机或高地隙跨行玉米联合收获机先将玉米收获，然后等到大豆成熟后再采用生产常用的大豆机收获大豆。

采用玉米先收技术必须满足以下要求：①玉米先于大豆成熟；②除严格按照大豆玉米带状复合种植技术要求种植外，应在地块的周边种植玉米，收获时先收周边玉米，利于机具转行收获，缩短机具空载作业时间；③玉米收获机种类很多，尺寸大小不一，玉米带位于两带大豆带之间，因此，选用的玉米收获机的整机宽度不能大于大豆带间距离，2 行玉米时一般只能选用整机总宽度小于 1.6 米的玉米收割机，见表 8–1。

表 8–1   适宜机型的主要参数

名称	外形尺寸 （长×宽×高，毫米）	功率 （千瓦）
国丰山地丘陵玉米果穗收获机	6 350×1 500×3 220	45
金达威 4YZP-2C 自走式玉米收获机	4 750×1 590×2 545	36.8
玉丰 4YZP-2X 履带自走式玉米收获机	4 300×1 550×1 990	33
华夏 4YZP-2A 自走式玉米收获机	4 700×1 500×2 600	102
金大丰 4YZP-2C 自走式玉米收割机	6 500×1 360×3 050	128
巨明 4YZP-268 自走式玉米收获机	6 750×1 600×3 050	48
仁达 4YZX-2C 自走式玉米收获机	5 700×1 600×2 800	73
沃德 4YZ-2B 玉米收获机	5 300×1 600×2 850	48

二、大豆先收模式

适用于大豆先于玉米成熟的区域，主要分布在黄淮海、西北等地的间作区。该模式通过窄型大豆联合收获机先将大豆收获，然后等玉米成熟后再采用生产常用的玉米机收获玉米。

采用先收大豆技术必须满足以下要求：①大豆先于玉米成熟；②除了严格按照大豆玉米带状复合种植技术要求种植外，应在地块的周边种植大豆，收获时先收周边大豆，利于机具转行收获，缩短机具空载作业时间；③大豆收获机种类很多，尺寸大小不一，大豆带位于两带玉米带之间，因此，选用的大豆收获机的整机宽度不能大于玉米带间距离，不同区域的玉米带间距离为1.6~2.6米，因此只能选用整机总宽度小于当地采用的玉米带间距离的大豆收获机。现有适合的3种机型参数见表8-2。

表8-2　适宜大豆收获机具参数

机型	外形尺寸（长×宽×高，毫米）	割台幅宽（毫米）
GY4D-2	4 350×1 570×2 550	1 450
4LZ-3.0Z	4 300×1 780×2 675	1 550
4LZ-0.8	2 700×1 420×1 350	1 200

三、大豆玉米同时收模式

适用于大豆玉米成熟期一致的区域，主要分布在西北、黄淮海等地的间作区。同时收模式有两种形式：一是采用当地生产上常用的玉米和大豆机型，一前一后同时收获玉米和大豆；二是对青贮玉米和青贮大豆采用青贮收获机同时对大豆玉米收获粉碎供青贮用。

要实现玉米和大豆同时收获，必须选择生育期相近、成熟期一致的玉米和大豆品种。收获青贮要选用耐阴不倒、底荚高度大于15厘米、植株较高的大豆品种，以免漏收近地大豆荚。若采用大豆玉米混合青贮，需选用割幅宽度在1.8米及以上的既能收获高秆作物又能收获矮秆作物的青贮收获机。

生产中通常采用立式双转盘式割台的青贮收获机，喂入的同时又对籽粒和秸秆进行切碎和破碎。常用青贮饲料收获机的主要参数见表8-3。

表 8-3　青贮饲料收获机参数

机型	外形尺寸 （长×宽×高，毫米）	功率 （千瓦）	工作幅宽 （米）
4QZ-2100	5 300×2 100×3 300	132	2.1
美诺 9265	7 500×3 100×3 500	192	2.9
4QZ-18A	7 700×3 080×5 200	247	2.9
4QZ-3	6 500×2 130×3 330	78	2.0

第三节　收获技术

一、玉米先收技术

（一）玉米先收机具

1. 机具型号

玉米先收模式采用窄型两行玉米果穗收获机，机具总宽度≤1.6 米，整机结构紧凑，重心低。图 8-1、图 8-2 所示为适用于大豆玉米带状复合种植模式玉米机收作业的代表机型。

图 8-1　山东国丰 4YZP-2 玉米收割机

图8-2 山西仁达4YZX-2C自走式玉米收获机

2. 主要部件的功能与调整

玉米果穗的一般收获流程为：玉米植株首先在拨禾装置的作用下滑向摘穗口，茎秆喂入装置将玉米植株输送至摘穗装置进行摘穗，割台将果穗摘下并输送至升运器，果穗经升运器输送至剥皮装置，果穗剥皮后进入果穗箱，玉米秸秆粉碎后还田（或切碎回收）。玉米果穗收获机主要作业装置包括割台、输送装置、剥皮装置、果穗箱以及秸秆粉碎装置等。

（1）割台的结构与调整

玉米联合收获机的割台主要功能是摘穗和粉碎秸秆，并将果穗运往剥皮或脱粒装置。割台的结构由分禾装置、茎秆喂入装置、摘穗装置、果穗输送装置等组成。

割台的使用与调整：①根据玉米结穗的不同高度，将割台做相应的高度调整，以摘穗辊中段略低于结穗高度为最佳，通过操纵割台液压升降控制手柄即可改变割台的高低；②摘穗板间隙通常要比玉米秸秆直径大 3~5 毫米，通常通过移动左、右摘穗板来实现摘穗板间隙的调整，首先将其固定螺栓松开，然后左、右对称移动摘穗板到所需间隙，最后紧固螺栓即可；③割台的喂入链松紧度通过调整链轮张紧架来实现。

（2）果穗升运器的功能与调整

果穗升运器主要采用刮板式结构，它的作用是将割台摘下的带苞叶的玉米果穗输送到剥皮装置或者脱粒装置。升运器的链条在使用过程中应及时定期检查、润滑和调整，链条松紧要适当，过紧或过松都会影响升运器的工作效率。升运器链条松紧是通过调整升运器主动轴两端的调整螺栓来实现的，首先拧松锁紧螺母，然后转动调节螺母，左右两链条的张紧度应一致，正常的张紧度为用手在中部提起链条时离底板高度约 60 毫米。

（3）果穗剥皮装置的功能与调整

玉米联合收获机的剥皮装置主要功能是将玉米果穗的苞叶剥下，并将苞叶、茎叶混合物等杂物排出。一般由剥皮机架、剥皮辊、压送器、筛子等组成。其中，剥皮辊组是玉米剥皮装置中最主要的工作部件，对提高玉米果穗剥皮质量和生产效率具有决定性的作用。

剥皮机构的调整：①星轮和剥皮辊间隙调整，星轮压送器与剥皮辊的上下间隙可根据果穗的直径大小进行调整，调整完毕后，需重新张紧星轮的传动链条；②剥皮辊间距的调整，剥皮辊间距关系着剥皮效率和对玉米籽粒的损伤程度，所以根据不同玉米果穗的直径可适当调整剥皮辊间隙，调整时通过调整剥皮辊、外侧一组调整螺栓，改变弹簧压缩量，实现剥皮辊之间距离的调整；③动力输入链轮、链条的调整，调节张紧轮的位置，改变链条传动的张紧程度。

（二）玉米先收操作技术

玉米先收作业时，首先收获田间地头两端的玉米，再收大豆带间玉米。收获大豆带间玉米时需注意玉米收获机与两侧大豆的距离，防止收获机压到两边的大豆。若大豆有倒伏，可安装拨禾装置拨开倒伏大豆。完成玉米收割后，等大豆成熟后，选用生产中常用大豆收获机收割剩下的大豆，操作技术与单作大豆相同。

收获玉米过程中机手应注意的事项：①机器启动前，应将变速杆及动力输出挂挡手柄置于空挡位置，收获机的起步、结合动力挡、运转、倒车时要鸣喇叭，观察收获机前后是否有人；②收获机工作过程中，随时观察果穗升运过程中的流畅性，防止发生堵塞、卡住等故障，注意果穗箱的装载情况，避免果穗箱装满后溢出或者造成果穗输送装置的堵塞和故障；③调整割台与行距一致，在行进中注意保持直线匀速作业，避免碾压大豆；④玉米收获机的工作质量应达到籽粒损失率≤2%、果穗损失率≤5%、籽粒破损率≤1%以及苞叶剥净率≥85%。

二、大豆先收技术

（一）大豆先收机具

1. 机具型号

大豆先收技术要求大豆收获机整机宽度小于1.6~2.6米，割茬高度低于5厘米，作业速度应在3~6千米/小时范围内，图8-3、图8-4所示为适用于大豆玉米带状复合种植模式大豆机收作业的代表机型。

2. 主要部件及功能

GY4D-2大豆通用联合收获机主要由切割装置、拨禾装置、中间输送装置、脱粒装置、清选装置、行走装置、秸秆粉碎装置等组成。主要功能是将田间大豆整株收割，然后脱粒清选，最后将秸秆粉碎后回收做饲料或直接还田。

图 8-3 刚毅 GY4D-2 大豆联合收割机

图 8-4 沃得旋龙 4LZ-4.0HA 联合收割机

（1）割台的功能与调整

大豆联合收获机中割台总成由拨禾轮、切割器、搅龙等工作部件及其传动机构组成，主要用于完成大豆的切割、脱粒和输送，是大豆联合收获机的关键部分。

1）割台。根据大豆收获机械的不同特点，割台有卧式和立式两种，主要由拨禾轮、分禾器、切割器、割台体、搅龙和拨指机构等组成。

2）拨禾轮。拨禾轮的作用是将待割的大豆茎秆拨向切割装置中，防止被切割的大豆茎秆堆积于切割装置中，造成堵塞。通常采用偏心拨禾轮，主要由带弹齿的拨禾杆、拉筋、偏心辐盘等组成。

拨禾轮的安装位置是影响大豆作业的重要因素之一。当安装高度过高时，弹齿不与作物接触，造成掉粒损失；安装高度过低，会将已割作物抛向前方，造成损失。一般情况下为使弹齿把割下作物很好地拨到割台上，弹齿应作用在豆秆重心稍上方（从顶荚算起重心约在割下作物的 1/3 处），若拨禾轮位置不正确可通过移动拨禾轮在割台支撑杆上的位置实现调节。收割倒伏严重的大豆时，弹齿可后倾 15°~30°以增强扶倒能力。

3）切割装置。切割装置也称切割器，是大豆联合收获机的主要工作部件之一，其功用是将大豆秸秆分成小束，并对其进行切割。切割器有回转式和往复式两大类，大豆联合收获机常用的是往复式切割器。

切割器的调整对大豆收割质量有很大影响。为了保证切割器的切割性能，当割刀处于往复运动的两个极限位置时，动刀片与护刃器尖中心线应重合，误差不超过 5 毫米；动刀片与压刃器之间间隙不超过 0.5 毫米，可用手锤敲打压刃器或在压刃器和护刃器梁之间加减垫片来调整；动刀片底面与护刃器底面之间的切割间隙不超过 0.8 毫米，调好后用手拉动割刀时，以割刀移动灵活、无卡滞现象为宜。

4）搅龙的调整。割台搅龙是一个螺旋推运器，它的作用是将割下来的作物输送到中间输送装置入口处。为保证大豆植株能顺利喂入输送装置，割台搅龙与割台底板距离应保持在 10～15 毫米为宜，调节割台搅龙间隙可通过割台侧面的双螺母调节杆进行调节；同时要求拨禾杆与底板间隙调整至 6～10 毫米，若拨禾杆与底板间隙过小，则大豆植株容易堵塞，间隙过大则喂不进去，拨禾杆与底板间隙可通过割台右侧的拨片进行调整。

（2）中间输送装置的功能与调整

大豆联合收获机的中间输送装置是将割台总成中的大豆均匀连续地送入脱粒装置。

收获大豆用中间输送装置一般选用链耙式，链耙由固定在套筒滚子链上的多个耙杆组成，耙杆为"L"形或"U"形，其工作边缘做成波状齿形，以增加抓取大豆的能力；链耙由主动轴上的链轮带动，被动辊是一个自由旋转的圆筒，靠链条与圆筒表面的摩擦转动，上面焊有筒套来限制链条，防止链条跑偏。

在调整输送间隙时，可打开喂入室上盖和中间板的孔盖，通过垂直吊杆螺栓调节，被动轮下面的输送板与倾斜喂入室床板之间的间隙应保持在 15～20 毫米为宜。在调节输送带紧度时，输送带的紧度应保持恰当，使被动轮在工作中有一定的缓冲和浮动量，其紧度可通过调节输送装置张紧弹簧的预紧度来调整。

（3）脱粒装置的功能与调整

脱粒装置是大豆联合收获机的核心部分，一般由滚筒和凹板组成，其功用主要是把大豆从秸秆上脱下来，尽可能多地将大豆从脱出物中分离出来。

1）脱粒滚筒。按脱粒元件的结构形式的不同，滚筒在大豆联合收获机中主要有钉齿式、纹杆式与组合式 3 种。一般套作大豆收获选用钉齿式脱粒滚筒，钉齿式脱粒元件对大豆抓取能力强，机械冲击力大，生产效率高。

2）凹板。大豆联合收获机中常用的大豆脱粒用凹板有编织筛式、冲孔式与栅格筛式 3 种。凹板分离率主要取决于凹板弧长及凹板的有效分离面积，当脱粒速度增加时凹板分离率也相应提高。

3）脱粒速度（滚筒转速）。钉齿滚筒的脱粒速度就是滚筒钉齿齿端的圆周速度，脱粒滚筒转速一般不低于 650 转/分时，才允许均匀连续喂入大豆茎秆。喂入时要严防大豆茎秆中混进石头、工具、螺栓等坚硬物，以免损坏脱粒结构和造成人身事故。

4）脱粒间隙。安装滚筒时，需要注意滚筒钉齿顶部与凹板之间的间隙（脱粒间隙），大豆收获机通常都是采用上下移动凹板的方法改变滚筒脱粒间隙。通常钉齿式大豆脱粒装置的脱粒间隙为 3~5 毫米。

（4）清选装置的功能与调整

清选装置的作用是将脱粒后的大豆与茎秆等混合物进行清选分离。主要采用振动筛–气流组合式清选装置，该装置主要由抖动板、风机、振动上筛、振动下筛等组成，工作原理是根据脱粒后混合物中各成分的空气动力学特性和物料特性差异，借助气流产生的力与清选筛往复运动的相互作用来完成大豆籽粒和茎秆等杂物的分离清选。

（5）行走装置的功能与调整

行走装置一方面是直接与地面接触并保证收获机的行驶功能，另一方面还要支撑主体重量。由于作业空间不大、田间路面复杂，要求收获机有较高的承载性能、牵引性能，常采用履带式底盘。

使用履带式收获机之前，应该检查两侧履带张紧是否一致，若太松或太紧可通过张紧支架调整，最后还需检查导向轮轴承是否损坏，若损坏需要及时更换。

（二）大豆先收操作技术

收获玉米带间大豆时，应保持收获机与两侧玉米有一定的距离，防止收获机压两边的玉米。收获大豆作业时，收获机的割台离地间隙较低，大豆植株都可喂入割台内。完成大豆收割后，用当地常用的玉米收获机收获剩下的玉米。具体注意事项如下。

第一，作业前应平稳结合作业装置离合器，油门由小到大，到稳定额定转速时，方可开始收获作业，在机具进行收获作业过程中需要注意发动机的运转情况是否正常等。

第二，大豆收获机在进入地头和过沟坎时，要抬高割台并采用低速前行方式进入地头。当机具通过高田埂时，应降低割台高度并采用低速的方式通过。

第三，为方便机具田间调头等，需要先将地头两侧处的大豆收净，避免碾压大豆；收获作业时控制好割台高度，将割茬降至4~6厘米即可；在收获作业过程中保证机具直线行驶。

第四，大豆植株若出现横向倒伏时，可适当降低拨禾轮高度，但决不允许通过机具左右偏移的方式来收获作业；若出现纵向倒伏时，可将拨禾轮的板齿调整至向后倾斜 12°~25°的位置，使得拨禾轮升高向前。

第五，正常作业时，发动机转速应在 2 200 转/分以上，不能让发动机在低转速下作业。收获作业速度通常选用Ⅱ挡即可；若大豆植株稀疏时，可采用Ⅲ挡作业；若大豆植株较密、植物茎秆较粗时，可采用Ⅰ挡作业。尽量选择上午进行收获作业，以避免大豆炸荚损失。

第六，收获一定距离后，为保证豆粒清洁度，机手可停车观察收获的大豆清洁度或尾筛排出的秸秆杂物中是否夹带豆粒来判断风机风量是否合适。收获潮湿大豆时，风量应适当调大；收获干燥的大豆时，风量应调小。

三、大豆玉米同收技术

（一）大豆玉米同收机具

1. 机具型号

生产中通常采用立式双转盘式割台的青贮收获机，喂入的同时又对籽粒和秸秆进行切碎和破碎。图8-5、图8-6所示为常用青贮饲料收获机。

图 8-5 顶呱呱 4QZ-2100 青贮饲料收获机

2. 主要部件和功能

割台自走式青贮饲料收获机工作的关键部件主要由推禾器、割台滚筒、锯齿圆盘割刀、分禾器、护刀齿、滚筒轴、清草刀等组成。

图 8-6　美诺 9265 自走式青贮饲料收获机

　　自走式青贮饲料收获机割台工作时，作物由分禾器引导，由锯齿双圆盘切割器底部的锯齿圆盘割刀将青贮作物沿割茬高度切断，刈割后的作物在割台滚筒转动的作用下向后推送，经喂入辊将作物送入破碎和切碎装置，玉米果穗和秸秆首先通过滚筒挤压破碎后送入切碎装置中经过动、定刀片的相对转动将作物切碎，并由抛送装置抛送至料仓。

　　锯齿圆盘割刀的主要功能是将生长在田里的秸秆类作物割倒，并尽量保证实现较低割茬高度。一般情况下，切割器需保证切割速度获得可靠的切削，不产生漏割或尽量减少重割，锯齿圆盘割刀选择为旋转式切割方式作业，其由圆盘刀片座、圆盘刀片组成。

　　3. 主要工作装置的使用与调整

　　圆盘割刀和喂入辊作为青贮收获机的主要工作部件，其工作性能将直接影响青贮收获机的作业性能和作业质量。因此在使用中应经常查看割刀的磨损及损坏情况，保持切刀的锋利和完好。

当喂入刀盘被作物阻塞时，应检查内部喂入盘的刮板，可将塑料刮板改为铁质刮板，同时检查喂入盘内部与刮板的距离，此距离应为 2 毫米。当喂入辊前方被作物阻塞时，应检查喂入辊弹簧的情况，可通过调节螺母来改变拉压弹簧的拉压情况，也可通过加装铁质零部件来提高作物喂入角，改善喂入效果。

（二）青贮收获机操作技术

收获前，对青贮联合收获机进行必要的检查与调整；然后要准备好运输车辆，只有青贮收获机和运输车辆在田间配合作业才能提高青贮收获机的作业效率。

收获过程中，驾驶员要观察作业周围的环境，及时清除障碍物，如果遇到无法清除的障碍物，如电线杆这类障碍物，要缓慢绕行。在机械作业过程中如果发现金属探测装置发出警报时，要立即停车，清除障碍物后方可启动继续作业。

收获时，收获机通常是一边收割一边通过物料输送管将切碎的青贮物料吹送到运料车上，从而完成整个收获工作。因此，在收获过程中，青贮收获机需要与运料车并行，并随时观察车距，控制好物料输送管的方向。

待运料车装满后需要将收获机暂停作业，再换运料车。工作过程中，一是地内不能有闲杂人员进入，二是发现异常要立即停机检查，三是运料车上不允许站人。

附　录

附录1　2022年全国大豆玉米带状复合种植技术方案

大豆玉米带状复合种植是稳玉米、扩大豆的有效途径。2022年，农业农村部将在16个省（自治区、直辖市）大力推广大豆玉米带状复合种植技术，扩大大豆种植面积，提高大豆产能。为科学、规范、有序推广这项技术，切实发挥稳粮增豆作用，特制定本方案。

一、总体要求

（一）坚持稳粮与增豆并重

通过大面积推广应用大豆玉米带状复合种植技术，力争玉米单产与清种基本相当，尽可能增加大豆产量，争取大豆平均亩产达到100千克左右。

（二）坚持生产与生态协调

贯彻绿色发展理念，集成创新适合本区域的大豆玉米带状复合种植技术模式，实现作物带间轮作，改良土壤结构，减少病虫发生，降低化肥农药使用量。

（三）坚持试验与推广衔接

在2~6行大豆、2~4行玉米范围内，开展不同模式配比试验，以及机播、施肥、除草、机收等关键技术、产品、装备试验，检验应用效果、优化技术参数、总结典型模式，以点带区扩面加大技术推广应用。

二、技术关键

采用玉米带与大豆带复合种植，既充分发挥高位作物玉米的边行优势，扩大低位作物大豆受光空间，实现玉米带和大豆带年际间地内轮作，又适于机播、机管、机收等机械化作业，在同一地块实现大豆玉米和谐共生、一季双收。一般玉米带种植2~4行、大豆带种植2~6行，通过调控作物的株行距，实现玉米与当地清种密度基本相当、大豆达到当地清种密度的70%以上。

（一）选配品种

大豆品种要求。应选择产量高、耐阴抗倒，有限或亚有限结荚型习性的品种。带状间作时，选择抗倒能力强、中早熟品种，成熟期单株有效荚数不低于该品种单作荚数的50%，单株粒数50粒以上，单株粒重10克以上，株高55~100厘米。带状套作时，选择玉米大豆共生期大豆节间长粗比小于19，抗倒能力较强、中晚熟品种，大豆成熟期单株有效荚数为该品种单作荚数的70%以上，单株粒数80粒以上，单株粒重15克以上。

玉米品种要求。应为紧凑型、半紧凑型品种，中上部各层叶片与主茎的夹角、株高、穗位高、叶面积指数等指标的特征值应为：穗上部叶片与主茎的夹角在21°~23°，棒三叶叶夹角为26°左右，棒三叶以下三叶夹角为27°~32°；株高260~280厘米、穗位高95~115厘米。

（二）确定模式

确定模式的关键是要保证带状复合种植玉米密度与清种相当，大豆密度达到清种密度的70%以上。综合考虑当地清种玉米大豆密度、整地情况、地形地貌、农机条件等因素，确定适宜的大豆带和玉米带的行数、带内行距、两个作物带间行距、株距。一般大豆带播种 2~6 行为宜，带内行距 20~40 厘米，株距 8~10 厘米左右（以达到当地清种大豆密度的 70% 以上来确定），两个作物带间行距 60 厘米或 70 厘米（玉米带 2 行时，或大豆带 2~4 行时，建议两个作物带间行距 70 厘米，其他情况下两个作物带间行距可 60 厘米）；玉米带播种 2~4 行为宜，带内行距 40 厘米，株距 10~14 厘米左右（根据达到当地清种玉米密度来确定），两个作物带间行距 60 厘米或 70 厘米。有窄幅式（机身宽 160~170 厘米）玉米收获机的地区，可重点推广 2 行玉米模式。

（三）机械播种

优先推荐同机播种施肥一体化作业。覆膜地区选用大豆玉米一体化覆膜播种机，不覆膜地区选用大豆玉米一体化播种机。异机播种的，也可通过更换播种盘，增减播种单体，实现玉米大豆播种用同一款机型。带状套作需先播玉米，在玉米大喇叭口期至抽雄期再播种大豆。

机械播种时应注意：播种过程中要保证机具匀速直线前行，建议机械式排种器行进速度每小时 3~5 千米，气力式排种器每小时 6~8 千米；转弯过程中应将播种机提升，防止开沟器出现堵塞；行走播种期间，严禁拖拉机急转弯或者带着入土的开沟器倒退，避免造成播种施肥机不必要的损害；当种子和肥料可用量少于容积的三分之一时，应及时添加种子和化肥，避免播种机空转造成漏播现象；转弯时两个生产单元链接处切忌过宽，玉米窄行距应控制在 40 厘米，大豆带中的链接行距应控制在 30 厘米。

（四）科学施肥

统筹考虑玉米大豆施肥，增施有机肥料，控制氮肥用量、保证磷钾肥用量，适当补充中微量元素。鼓励接种大豆根瘤菌，减少大豆用氮量、保证玉米用氮量，相对清种不增加施肥作业环节和工作量，实现播种施肥一体化，有条件的地方尽量选用缓控释肥。

从施肥量看，带状复合种植亩施氮量比单作玉米、单作大豆的总施氮量可降低 3~4 千克，但须保证玉米单株施氮量与清种相同，否则影响玉米单产。带状间作玉米选用高氮缓控释肥，每亩施用 50~65 千克（折合纯氮 14~18 千克/亩，西北地区可适当高些），大豆选用低氮缓控释肥，每亩施用 15~20 千克（折合纯氮 2~3 千克/亩）。带状套作播种玉米时每亩施 20~25 千克玉米高氮专用配方肥，玉米大喇叭口期结合机播大豆，距离玉米行 20~25 厘米处每亩追施配方肥 40~50 千克（折合纯氮 6~7 千克/亩），实现玉米大豆肥料共用。

采用一次性施肥的，在播种时以种肥形式全部施入，肥料以玉米、大豆专用缓释肥或配方肥为主，如玉米高氮专用配方肥或缓控释肥每亩 50~70 千克、大豆低氮专用配方肥每亩 15~20 千克。利用 2BYSF—5（6）型播种施肥机一次性完成播种施肥作业，玉米施肥器位于玉米带两侧 15~20 厘米开沟、大豆施肥器则在大豆带内行间开沟。需要整地的春玉米带状间作春大豆模式可采用底肥+种肥两段式施肥，底肥采用全田撒施低氮配方肥，用氮量以大豆需氮量为上限（每亩不超过 4 千克纯氮），播种时对玉米添加种肥，以缓释肥为主，施肥量参照当地单作玉米单株用肥量，大豆不添加种肥。不整地的夏玉米带状间作夏大豆模式可采用种肥+追肥两段式施肥，利用带状间作施肥播种机分别施肥，大豆施用低氮配方肥，玉米按当地单作玉米总需氮量的一半（每亩 6~9 千克纯氮）施玉米专用配方肥，在玉米大喇叭口期再追施尿素或玉米专用配方肥（每亩 6~9 千克纯氮）。西南带状套作区可采用种肥+追肥两段式施肥，即玉米播种时每亩施 25 千克玉米高氮专用配方肥，玉米大喇叭口期将玉米追肥和大豆底肥结合施用，每亩施纯氮 7~9 千克、五氧化二磷 3~5 千克、氧化钾 3~5 千克，肥料在玉米带外侧 15~25 厘米处开沟施入。不能施缓释肥的地区可采用底肥、种肥与追肥三段式施肥，底肥以低氮配方肥与有机肥结合，每亩纯氮不超过 4 千克，有机肥可施用畜禽粪便堆肥每亩 300~400 千克，结合整地深翻土中，种肥仅针对玉米施用，每亩施氮量 10~14 千克，追肥通常在基肥与种肥不足时施用。

（五）化学调控

玉米化控降高。适用于风大、易倒伏的地区和水肥条件较好、生长偏旺、种植密度大、品种易倒伏、对大豆遮阴严重的田块。密度合理、生长正常地块可不化控。在化控药剂最适喷药时期喷施，注意控制合适的药剂浓度，均匀喷洒于上部叶片，不重喷不漏喷。喷药后 6 小时内如遇雨淋，可在雨后酌情减量再喷 1 次。可使用胺鲜酯、乙烯利等调节剂，要严格按照说明书使用。

大豆控旺防倒。带状间作自播种后 40~50 天、带状套作自大豆苗期开始，大豆受玉米遮阴影响逐步显现，容易导致大豆节间过度伸长，株高增加，茎秆强度降低，严重时主茎出现藤蔓化，加重后期倒伏风险，造成机收困难，百粒重降低。生产中常用于大豆控旺防倒的生长调节剂为烯效唑，在大豆分枝期、初花期用 5%烯效唑可湿性粉剂 20~50 克/亩兑水 30~40 千克叶面喷施，套作大豆苗期荫蔽较重地块，可提前至 2~3 个复叶时多喷 1 次。上述调节剂可与非碱性农药、微肥混合使用。

（六）病虫防控

大豆玉米带状复合种植与单作玉米、单作大豆相比，各主要病害的发生率均降低。田间常见玉米病害有叶斑类病害（大斑病、小斑病、灰斑病等）、纹枯病、茎腐病、穗腐病等，其中，以纹枯病、大斑病、小斑病、穗腐病发生普遍；常见大豆病害有大豆病毒病、根腐病、细菌性叶斑病、荚腐病等，其中病毒病和细菌性叶斑病为常发病，根腐病随着种植年限延长而加重。结荚期，如遇连续降雨，大豆荚腐病发生较重。玉米的遮挡有利于降低大豆害虫为害，特别是降低斜纹夜蛾、蚜虫和高隆象的发生。总体上采取"一施多治、一具多诱"的防控策略，针对发生时期一致、且玉米和大豆的共有病虫害，采用广谱生防菌剂、农用抗生素、高效低毒杀虫、杀菌剂等统一防治，达到一次施药、兼防多种病虫害的目标。采用物理、生物与化学防治相结合。利用智能 LED 集成波段杀虫灯和性诱器诱杀害虫，在此基础上，结合无人机统防 3 次病虫害，时间为大豆苗后 3～4 叶、玉米大喇叭口—抽雄期、大豆结荚—鼓粒期，采用"杀菌剂、杀虫剂、增效剂、调节剂、微肥"五合一套餐制施药。

（七）杂草防除

采取"封定结合"的杂草防除策略，即采用播后芽前封闭与苗后定向茎叶喷药相结合的方法防除杂草，优先选择芽前封闭除草，减轻苗后除草压力，苗后定向除草要抓住出苗后 1～2 周杂草防除关键期。

带状间作区在播后苗前，对于以禾本科杂草为主的田块，用96%精异丙甲草胺乳油进行封闭除草，对于单、双子叶杂草混合为害的田块，可选用96%精异丙甲草胺乳油+80%唑嘧磺草胺水分散粒剂（75%噻吩磺隆水分散粒剂）兑水喷雾。带状套作区如果玉米行间杂草较多，在大豆播前 4～7 天，先用微耕机灭茬后，再选用50%乙草胺乳油+41%草甘膦水剂兑水定向喷雾，注意不要将药液喷施到玉米茎叶上，以免发生药害。

芽前除草效果不好的田块，在玉米、大豆苗后早期应及时喷施茎叶处理除草剂。喷药时间一般在大豆 2～3 片复叶、玉米 3～

5 叶期，杂草 2~5 叶期，根据当地草情，在植保技术人员指导下，选择玉米、大豆专用除草剂实施茎叶定向除草。除草时间过早或过晚均易发生药害或降低药效。苗后除草要严格做好两个作物间的隔离，严防药害。后期对于难防杂草可人工拔除。在选择茎叶处理除草剂时，要注意选用对临近作物和下茬作物安全性高的除草剂品种。

（八）机械收获

有玉米先收、大豆先收和大豆玉米同时收 3 种模式。

玉米先收适用于玉米先于大豆成熟的区域，主要在西南带状套作区及华北带状间作区。该模式播种时应在地头种植玉米，收获时先收地头玉米，利于机具转行收获，缩短机具空载作业时间，选择宽度不大于大豆带间距离的玉米收获机。

大豆先收适用于大豆先于玉米成熟的区域，主要在黄淮海、西北等地的带状间作区。该模式播种时应在地头种植大豆，收获时先收地头大豆，利于机具转行收获，缩短机具空载作业时间，选择宽度不大于玉米带间距离的大豆收获机。

大豆玉米同时收适用于大豆玉米成熟期一致的区域，主要在西北、黄淮海等地的间作区。该模式有两种形式：一是采用当地生产上常用的玉米和大豆机型，一前一后同时收获玉米和大豆；二是对青贮玉米和青贮大豆采用青贮收获机同时收获粉碎。

三、重点工作

（一）强化技术试验

重点围绕本地区适宜大豆玉米品种、适宜模式配比、适宜播种施肥方式、适宜苗后除草剂、适宜收获方式"五适宜"筛选，大力开展品种、肥料、机具、药剂等对比试验，做好关键数据记载，及时开展技术效果评价，为大面积推广应用提供权威技术参考。

（二）强化模式集成

加强与科研教学单位联合，加强栽培、种子、土肥、植保、农机 5 个专业融合，合力开展品种模式配比、机播机管机收、草害绿色防控等关键共性技术集成熟化、试验示范和推广应用。集成一批因地制宜、稳产高效的大豆玉米带状复合种植技术模式，全面提高本地区稳玉米、扩大豆、提产能技术支撑能力。

（三）强化技术指导

省县级农业技术推广部门要组织专家制定本地区大豆玉米带状复合种植技术方案，提高技术的可操作性，明确包县包户技术指导任务。不定期组织线上技术咨询活动，在关键农时季节，及时组织农技人员深入田间地头，切实帮助解决生产实际问题，提高技术服务到位率。

（四）强化宣传培训

通过广播、电视、报纸、微信以及明白纸等多种形式，加强技术在稳粮增豆、提质增效等方面的宣传。在关键环节、重要农时以现场观摩、技术交流、专家讲座等方式开展培训，着力提高基层农技人员和广大农民对技术的认识，提高农民主动应用技术的意识，营造良好社会氛围。

附录2　大豆玉米带状复合种植配套机具调整改造指引

为加强大豆玉米带状复合种植（以下简称"复合种植"）配套机具供给，提供有效装备支撑保障，针对大中型机具保有量较多的黄淮海地区和西北地区主要技术模式和主流机型，制定了复合种植配套机具调整改造指引，供各地参考。其他地区、技术模式和机型可参照应用。

一、调整改造原则

确保安全性。应作为首要条件，调整改造时应注意排查安全隐患，做好个人防护；机具危险部件应加装安全防护装置，存在安全隐患的部位应在明显位置设置安全警示标志，与拖拉机配套时稳定性应满足要求，严防调整改造后，机具出现伤人毁机事件。

突出适用性。充分考虑目前各地实际农业生产条件、复合种植技术模式和机具保障现状，因地制宜以机适地开展机具调整改造，最大限度满足复合种植机械化生产需求。

注重便捷性。机具调整改造方式应简单、便捷，优先采用调整挡位等简易方式进行，其次采用更换排种盘、喷头等商品化零配件方式进行，确有必要再采用焊接、切分等复杂方式。

兼顾经济性。统筹考虑改造成本和机具性能，如改造成本超过新购置适用机具成本的30%，为保证作业质量和减少支出成本，宜新购置复合种植专用机具。

二、播种机调整改造

播种机以调整为主，部分改造需购置排种盘、鸭嘴式播种轮、齿轮等零配件。

（一）黄淮海地区

目前，适宜该地区调整改造的主流机型为麦茬地玉米免耕播种机，其中，勺轮式播种机保有量最大，指夹式和气吸式保有量较小。由于大豆发芽势不强，对种床要求较高，采用调整改造后的玉米免耕播种机播种大豆，应提前开展灭茬作业；采用大豆、玉米分步播种方式，需间隔作物种植带，在秸秆覆盖条件下不易辨识，应注意控制作业间距。应确保玉米播种密度和单株施肥量与净作玉米相差不大。

1. 调整改造实现播种布局和缩行距

2+2（2行大豆+2行玉米）模式配套的一体化播种机调整改造：以黄淮海地区较为常见的4行玉米免耕播种为例，保持播种机两端的2个播种单体不动，分别拧松中间2个播种单体的紧固件，将其向中间调整至40厘米间距，并分别调整两端单体，与中间单体间距均为70厘米，紧固好播种单体，形成中间播种2行玉米、两侧各播种1行大豆的复合种植一体化播种机，通过往复作业，可实现2+2复合种植模式机械化同步播种。如采用勺轮式、指夹式玉米播种机，调整改造为大豆播种单体时，应更换为适宜大豆播种的排种盘；气吸式玉米播种机适用于大豆种形，在株距合适情况下，可不更换排种盘。

3+2（3行大豆+2行玉米）模式配套的一体化播种机调整改造：以黄淮海地区较为常见的4行玉米免耕播种为例，在中间位置增设1个播种单体，并尽量将其与中间2个单体前后错开，形成中间播种3行大豆（间距30~35厘米）、两侧各播种1行玉米（玉米单体与大豆单体间距70厘米）的复合种植一体化播种机，通过往复作业，可实现3+2复合种植模式机械化同步播种。排种器调整改造方式参照上述2+2模式配套的一体化播种机。

4+2（4 行大豆+2 行玉米）模式配套的一体化播种机调整改造：以黄淮海地区较为常见的 3 行玉米免耕播种为例（如采用 4 行播种机则先拆除一个播种单体），保持播种机一侧的播种单体不动，分别拧松其余 2 个播种单体的紧固件，将播种单体间距按照行距、带间距进行调整并紧固好，形成一侧播种 2 行大豆（间距 30~35 厘米）、另一侧播种 1 行玉米（玉米单体与大豆单体间距 70 厘米）的复合种植一体化播种机，通过往复作业，可实现 4+2 复合种植模式机械化同步播种。排种器调整改造方式参照上述 2+2 模式配套的一体化播种机。

4+4（4 行大豆+4 行玉米）模式配套的一体化播种机调整改造：以黄淮海地区较为常见的 4 行玉米免耕播种为例，拧松播种单体的紧固件，将播种单体间距按照行距、带间距进行调整并紧固好，形成一侧播种 2 行大豆（间距 30~35 厘米）、另一侧播种 2 行玉米（玉米单体间距 40 厘米或者 55 厘米，玉米单体与大豆单体间距 70 厘米）的复合种植一体化播种机，通过往复作业，形成玉米带 40 厘米×80 厘米×40 厘米宽窄行布局或 55 厘米等行距布局，实现 4+4 复合种植模式机械化同步播种。排种器调整改造方式参照上述 2+2 模式配套的一体化播种机。

4+3（4 行大豆+3 行玉米）和 4+4 模式配套的分步大豆播种机调整改造：将现有的 3 行或 4 行大豆播种机，拆除多余的播种单体，将行距调整至适宜的大豆播种行距，一般为 30~35 厘米。如采用勺轮式、指夹式玉米播种机，需更换为适宜大豆播种的排种盘；气吸式玉米播种机适用于大豆种形，在株距合适情况下，可不更换排种盘。

4+3 和 4+4 模式配套的分步玉米播种机调整改造：将现有的 3 行或 4 行玉米播种机，拆除多余的播种单体，将行距调整至适宜的玉米播种行距，调整时应充分考虑玉米收获机对行收获要求，如将原 4 行 60 厘米等行距玉米播种机的播种单体调整至 40 厘米×80 厘米×40 厘米宽窄行布局，或调整至 55 厘米等行距布局。

2. 调整改造实现缩株距

优先采用调整株距挡位的方式满足玉米 10~14 厘米、大豆 8~10 厘米的株距要求（如果大豆采用双粒播种，则株距可适当加大）；如最小株距挡位不能满足要求，可根据排种器不同型式进行调整改造。

勺轮式播种机：可采用调整传动比方式实现，如将主动驱动齿轮和被动驱动齿轮互换位置；如仍不能满足株距要求，可采用更换排种盘方式实现，如将原 18 穴排种盘更换为 24 穴排种盘。

指夹式播种机：可更换排种驱动齿轮副塔轮，通过调整传动比方式实现；因指夹式排种器的指夹数为定值 12 个，无法通过更换排种盘方式实现。

气吸式播种机：可采用更换不同孔数排种盘方式实现。

3. 调整改造实现增大施肥量

由于大豆和玉米所需肥料不同，一体化播种机大豆和玉米肥箱应分设，其中，大豆种植带施肥量与常规净作种植相差不大，基本不需要改造；玉米种植带施肥量比常规净作种植增加 1 倍左右，是施肥部件的改造重点。

增大单位时间施肥量：优先采用调节排肥器工作行程至最大位置的方式，如仍不能满足施肥量要求，可更换大排量的排肥器，也可在玉米肥箱底部增开排肥孔并增设施肥管。

增大肥箱容积：如播种作业时加肥频繁，影响作业效率，可适当加大肥箱容积。改造时，应注意机具改造后重心变化，在肥箱加满肥料条件下，整机驻车和行驶中应重心稳定。

（二）西北地区

目前，适宜该地区调整改造的主流机型为鸭嘴式覆膜打孔播种机，排种器也分为勺轮式、指夹式、气吸式等多种型式。鸭嘴式覆膜打孔播种机作业前，一般应完成耕整地和施底肥作业。铺膜播种作业时，两幅地膜中间交接行过窄会造成切膜、壅土等问题，应预留适宜的交接行宽度。不覆膜种植地区，可参照上述黄淮海地区调整改造方式。

1. 调整改造实现播种布局和缩行距

由于涉及机械化铺膜作业，调整改造后宜采用适宜行数的播种机分步开展播种作业，通过分别开展不同行数的大豆、玉米播种作业，组合实现不同技术模式。如 3+2 模式播种时，采用 3 行大豆和 2 行玉米播种机分步播种；4+2 模式播种时，采用 4 行大豆和 2 行玉米播种机分步播种。

如调整改造实现一体化铺膜播种，应针对不同技术模式播种布局和行距选用不同宽度的地膜，并根据地膜宽度调整改造覆膜机构和覆土滚筒；如采用 2+2 技术模式，可选用两幅窄地膜；采用 3+2 技术模式，窄地膜不匹配，应采用宽窄膜或宽膜种植。如需铺设滴灌带，应注意滴灌带铺设机构与覆膜机构的匹配。

2. 调整改造实现缩株距

鸭嘴式覆膜打孔播种机根据不同的作物品种，每个播种单体鸭嘴数量范围为 4~20 个。满足复合种植播种穴距的鸭嘴数量一般为 8~12 个，可通过调整改造不同行数播种机的播种单体，实现大豆和玉米播种。玉米播种时，选装株距为 10~12 厘米的鸭嘴式播种轮；大豆播种时，选装株距为 8~10 厘米的鸭嘴式播种轮，或选装排种器为一穴双粒、株距为 16~20 厘米的鸭嘴式播种轮。通过改变传动比，实现排种数与播种轮鸭嘴数量相匹配；或通过更换排种盘，实现孔穴或指夹数量与鸭嘴数量相匹配。

3. 调整改造实现增大施肥量

与黄淮海地区机具调整改造的原理和方式基本相同，可参照上述黄淮海地区调整改造实现增大施肥量。

三、喷杆喷雾机调整改造

喷杆喷雾机是常见的植保机械，具有施药均匀、雾滴飘移少、穿透力强等特点，通过加装隔离装置、并改造为双系统喷雾后，可用于复合种植植保。因大豆和玉米适用除草剂差别较大，在喷施除草剂时，应优先选用大豆和玉米种植系统相融性剂型，如噻吩磺隆、唑嘧磺草胺、灭草松、精异丙甲草胺、异丙甲草胺、乙草胺、二甲戊灵等同时登记在大豆和玉米上的除草剂，避免产生药害；作业时，应减少雾滴飘移，不能混喷。

（一）适宜调整改造机具的选择

1. 注意宽度匹配

应根据不同复合种植技术模式（行距、垄距、带宽、带间距等）选择喷幅、轮距、轮胎宽度适宜的喷杆喷雾机，避免作业时出现压苗、压垄现象。宜选用轮距可调的机具；轮胎与桥腿之间的间隙不宜超过30厘米，避免垄行间行驶剐蹭，损坏作物茎叶。

2. 注意高度匹配

应根据不同作业季节的作物植株高度选择地隙高度、喷杆高度适宜的喷杆喷雾机，避免作业时出现喷雾高度不够、机具碰苗等问题，宜选用离地间隙达到1.2米以上、喷杆高度0.5~2.3米之间任意可调的机具。

3. 其他匹配要求

应根据不同施药量需求选择适宜药箱容积的机具。为便于实时观察施药作业时喷头与大豆和玉米种植带对位情况，提升施药作业准确度，宜选择喷杆前置的机具。

（二）调整改造实现双系统植保作业

通过改造药箱、液泵、药液管路、喷头体，并加装隔离防护装置，形成大豆和玉米两套喷雾系统，实现复合种植一体化植保作业。

1. 药箱改造

大豆和玉米适用的药剂一般不同，药箱应分设。双药箱机具可通过改造实现两个药箱隔离分装不同药剂。单药箱机具可增设附加药箱，并明显区分；附加药箱安装位置应科学合理，充分考虑机具重心问题，确保在药箱空载、满载条件下机具重心稳定。增设附加药箱后，应考虑整机载荷问题。

药箱内部应安装射流搅拌装置，确保箱内药液均匀；加药口应分离，如两个药箱间隔距离较近，应在加药口处增设防溅隔离挡板，并在加药口与药箱连接处增设导流槽，避免加药过程中药液飞溅、混液。

2. 液泵和药液管路改造

两套系统的液泵应分设，液泵应采用驱动发动机提供动力，提升行驶速度与施药量的同步性，不能采用加装独立动力系统或使用电动机驱动等方式。液泵应具备调压、稳压功能，避免喷雾不均匀；应具备清洗功能，避免上次作业药液残留造成药害。

液泵改造后，喷雾系统应实现各自独立控制，可分别控制药液管路压力和流量，实现大豆带和玉米带不同施药量一体化作业。

药液管路应分设，采用不同颜色区分，并固定在机具喷杆上；管路接头应使用快接头配件连接，不能采用铁丝、绑带等方式，提高药液管路接头处密封性，避免高压条件下滴漏药液。

3. 隔离防护装置改造

不同作物种植带间和喷杆喷雾机两端应加装隔离防护装置，避免药液飘移，造成药害，可使用轻质塑料板或防水布帘等机构或装置。应统筹考虑作业时行驶路线，隔离防护装置应设置在大豆、玉米带间，具体位置根据大豆、玉米植株生长情况确定，以提高机具通过性。隔离防护装置宜具备可移动、可升降功能。如喷杆宽度与种植带宽度不匹配，两端喷杆可空置，即作业幅宽可小于喷杆宽度。

隔离防护装置应垂直于地面并与机具行驶方向平行，宽度不小于50厘米，高度应基本覆盖喷杆至地面，隔离防护装置底端与地面距离不应大于10厘米。隔离防护装置一般采用左右两侧安装方式，如需在风速超过5米/秒（相当于3级风）时喷施除草剂，应采用左、右、后三侧安装方式，后侧隔离防护装置安装时应考虑作物植株高度及形状。

4. 喷头体改造

两套系统的喷头体应分设，应采用同种型号的喷头体，并配有稳压阀；喷头体应选择3喷头旋转式，配备适用大、中、小不同喷液量的喷头，并可实现快速更换喷头帽；宜配置防风喷头，减少药液雾滴飘移，避免造成药害。选择喷嘴型号时，应考虑药剂种类、性状、喷液量、作物不同生长期和湿度、温度、风力等气象条件。

喷头间距应根据喷嘴的喷雾角度确定，如80型喷头的间距为40厘米，110型和120型喷头的间距为50厘米；种植带宽度与喷头间距不匹配时，可在两侧位置设置侧喷头（半幅喷头间距）；如仍不能匹配，可采取小幅（不超过半幅喷头间距）重喷方式多设置喷头。靠近隔离防护装置的喷头宜配置边行喷头，空间距离应略大于喷幅，避免大量药液雾滴喷施在隔离防护装置上，造成药液浪费。

5. 其他改造

中后期施药时，大豆、玉米植株高度差异较大，且玉米植株高大，应采用喷杆连接吊喷杆方式。

四、谷物联合收获机改造

目前，谷物联合收割机保有量较大，一般用于小麦、水稻等作物收获，通过割台、滚筒、清选等部件调整改造，可实现大豆收获。

（一）适宜调整改造机具的选择

大豆先收时，应选择窄幅谷物联合收割机，整机宽度应至少小于玉米带间距离20厘米以上，防止收获作业时，夹带玉米植株，造成损失；玉米先收，大豆后收时，不存在玉米植株影响作业问题，可根据现有机具情况选择适宜的谷物联合收获机。

（二）调整改造实现大豆收获

1. 割台调整改造

宜选配割幅匹配的大豆收获专用挠性割台，适应不同地形作业，降低收获损失率。应降低拨禾轮旋转线速度，与收获作业行驶速度相匹配，减少拨禾轮和弹齿对大豆禾棵的击打；根据机型不同，可采用调整拨禾轮无级变速手柄方式，也可采用在拨禾轮主动皮带轮上增加垫片方式。应将拨禾轮弹齿更换为尼龙弹齿，降低拨禾轮弹齿对豆荚的梳刷打击强度，减少割台损失。

2. 滚筒调整改造

为降低大豆脱粒时破碎率，应降低脱粒滚筒转速，线速度一般为17~19米/秒；根据机型不同，优先采用调整挡位方式，如不具备该功能可采用更换不同直径皮带轮方式。应减少滚筒脱粒齿杆数量，如由原6根齿杆减少到3根齿杆，可有效减少大豆滚筒破碎。应将升运器结构型式改造为斗式。

3. 清选系统调整改造

应改造复脱器实现复脱时大豆籽粒的完整；叶轮复脱器，可采用拆除复脱器涡壳搓板方式；定盘、旋转搓盘复脱器，应拆下定盘和旋转搓盘，在杂余搅龙内侧加装隔套，将定盘和旋转搓盘更换为传统的叶轮复脱器，并在叶轮外侧加装隔套，拆下复脱器涡壳上的搓板。应调整改造网筛适应大豆收获，优先采用钢板冲孔筛；如采用鱼鳞筛，应调大筛片开度至适宜位置；如有必要，可在清选筛顶部增铺编织网筛，降低大豆收获含杂率。应增大凹板间隙至 3 厘米，如最大凹板间隙不足 3 厘米，应调整至最大凹板间隙。应调整清选风量，满足大豆清选要求；优先采用调整进风口挡板方式，如有必要再采用改变风机转速方式。

五、注意事项

受改造材质、加工条件、操作水平限制，调整改造机具与标准化的工业产品不同，个体之间可能存在较大差异，应将调整改造机具试验验证作为必要条件。调整改造后，应逐一检查核对调整改造部位，确保调整改造状态到位；启动前，应开展整车检查，确认各部件安全技术状态良好；启动后，应及时观察作业状态，一旦发现卡顿、异响、漏液，第一时间关闭发动机，停车检查，避免发生人身伤害和财产损失；试作业时，应适时查验作业质量、调整机具参数，确保作业质量达标；小范围试作业成功后再开展大面积作业。

参考文献

高凤菊，赵文路，2021. 玉米大豆间作精简高效栽培技术 ［M］. 北京：中国农业科学技术出版社.

高广金，2010. 玉米栽培实用新技术 ［M］. 武汉：湖北科学技术出版社.

何荫飞，2019. 作物生产技术 ［M］. 北京：中国农业大学出版社.

邱强，2013. 作物病虫害诊断与防治彩色图谱 ［M］. 北京：中国农业科学技术出版社.

王迪轩，2013. 大豆优质高产问答 ［M］. 北京：化学工业出版社.

闫文义，2020. 大豆生产实用技术手册 ［M］. 哈尔滨：北方文艺出版社.

杨文钰，雍太文，王小春，等，2021. 玉米-大豆带状复合种植技术 ［M］. 北京：科学出版社.